吳曉力 主編

葉知茶

茶文化簡史

對於東方人，尤其是華人來說，茶是能與「水、空氣、陽光、養分」並列的「第五生存要素」。茶究竟是如何從一片平凡的葉子，變成貴族奢侈品，最後走進千家萬戶，乃至風靡全球？

崧燁文化

一葉知茶
茶文化簡史

目錄

第一篇　茶史溯源

第一章　孕育發軔的早期茶　　8
- 第一節　茶樹的故鄉在中國——野生大茶樹記　　8
- 第二節　神奇的水晶肚——茶最初的發現及使用　　12
- 第三節　茶的最先種植者　　16
- 第四節　愛喝茶的古巴蜀人　　17
- 第五節　三國就有的「以茶代酒」　　20
- 第六節　以茶養廉——陸納杖侄的故事　　21
- 第七節　有趣的茶字及茶別名　　24

第二章　法相初具的唐代茶　　27
- 第一節　唐代的禪茶與貢茶　　28
- 第二節　「茶聖」陸羽與《茶經》　　30
- 第三節　法門寺的茶具　　32
- 第四節　敦煌遺書《茶酒論》　　34
- 第五節　盧仝與〈七碗茶詩〉　　36
- 第六節　文成公主與茶　　38
- 第七節　唐茶東渡　　40

目錄

第三章　繁榮興盛的宋代茶　　43
第一節　宋人的遊戲——鬥茶　　43
第二節　寫茶書的皇帝　　48
第三節　宋代的貢茶——龍團鳳餅　　51
第四節　點茶神器——黑釉盞　　55
第五節　宋代文人與茶　　58
第六節　徑山茶宴與日本茶道　　64
第七節　榷茶制度與茶馬古道　　66

第四章　承上啟下的元代茶　　70

第五章　返樸歸真的明代茶　　73
第一節　「廢團改散」的朱元璋　　73
第二節　山水田園文士茶　　75
第三節　供春壺的故事與傳世紫砂　　78
第四節　中國瓷都景德鎮　　81
第五節　鄭和與青花瓷茶具　　84

第六章　走向世俗的清代茶　　86
第一節　君不可一日無茶——清宮廷茶事　　86
第二節　茶館小社會　　92
第三節　趣話茶莊、茶號　　94
第四節　鴉片戰爭與茶葉貿易　　98
第五節　「哥德堡」號商船與中國茶　　101
第六節　神奇的盤腸壺　　106
第七節　當代「茶聖」吳覺農的故事　　109

第二篇　茶事茶萃

第一章　茶樹大家庭——茶樹品種及分類　　114

第二章　茶樹的一生　　117

第三章　從茶園到茶杯——六大茶類加工　　119

第四章　茶藝初探　　126
第一節　綠茶茶藝——西湖龍井茶藝　　126
第二節　紅茶茶藝——祁門紅茶茶藝　　131
第三節　烏龍茶茶藝——安溪鐵觀音茶藝　　135

第五章　茶與健康　　142

第六章　茶的用處真不少　　145

第三篇　繽紛茶俗

第一章　各具特色的民族茶　　148
第一節　藏族酥油茶　　148
第二節　白族三道茶　　151
第三節　土家族擂茶　　154
第四節　侗族打油茶　　156
第五節　傣族竹筒茶　　158
第六節　苗族蟲屎茶　　159
第七節　回族蓋碗茶　　161

第二章　多姿多彩的世界茶　　164
第一節　華茶遠播　　164

目錄

第二節	茶葉大盜	166
第三節	韓國飲茶面面觀	168
第四節	探祕日本茶道	170
第五節	茶迷貴婦人——英國下午茶	173
第六節	綠茶也香甜——摩洛哥茶飲	176
第七節	北地風情——俄羅斯茶	179
第八節	有趣的印度拉茶	181
第九節	美國冰茶	183

第一篇　茶史溯源

茶是中國對人類、對世界文明所作的重要貢獻之一。中國是茶樹的原產地,是最早發現和利用茶葉的國家。幾千年來,隨著飲茶之風不斷深入中國人民的生活,茶文化在中國悠久的民族文化長河中不斷豐厚和發展起來,成為東方傳統文化的瑰寶。

第一章　孕育發軔的早期茶

第一節　茶樹的故鄉在中國──野生大茶樹記

　　茶樹為一種多年生的常綠木本植物，在植物界大家庭中分屬於被子植物門（*Angiospermae*），雙子葉植物綱（*Dicotyledoneae*），山茶目（*Theales*），山茶科（*Theaceae*），山茶屬（*Camellia*）。

　　早在距今六千萬～七千萬年前，茶樹就已經生長在地球上了。科學家們曾在中生代末期白堊紀地層中，發現了茶樹所屬的山茶科植物的化石，從而推測茶樹應該起源於中生代末期至新生代早期。那是一個造山運動劇烈、恐龍逐漸滅絕，哺乳動物開始出現並繁盛的時期。

　　茶樹究竟起源於何地？自古以來，世人公認茶樹的故鄉在中國。早在一七五三年，瑞典植物學家林奈在其著作《植物種志》中就將茶樹定名為 Theasinensis L.，後又改為 Camellia sinensis L.，其中「sinensis」就是拉丁文「中國」的意思。但自從一八二四年駐印英軍少校勃魯士，在靠近印度東部邊境的阿薩姆省沙地耶地區，發現了野生狀態的大茶樹後，學術界對於茶樹的原產地問題就有了分歧，並引發了一場持續了一百多年的茶樹原產地之爭。彼時，國際學者主要有以下四種不同的觀點：原產中國說、原產印度說、原產東南亞說、二元說（認為大葉種茶樹原產於中國青藏高原的東南部一帶，包括中國的四川、雲南、緬甸、越南、泰國和印度等地，小葉種茶樹則原產於中國的東部和東南部）。當時，以吳覺農先生為代表的中國學者列舉了大量的史實，論證茶樹確實

一葉知茶
茶文化簡史

四球茶籽化石，一九八〇年出土於貴州省晴隆縣碧痕鎮，時代為晚第三紀至第四紀，距今至少已有一百萬年

原產於中國，但苦於沒有發現野生大茶樹實物而被人質疑。後來，隨著研究工作的不斷深入，科學家們終於在雲南的原始叢林中，發現了土生土長、活生生的中國野生大茶樹，並且經檢測，雲南野生大茶樹的生長年代相比印度大茶樹更早、數量更多，分布也更為廣泛。這一發現震驚了世界，從此關於茶樹原產地的問題有了肯定的、統一的答案，那就是中國，確切地說是中國的西南地區（包括雲南、貴州、廣西、廣東、四川等地）。現在，就讓我們來認識一下這些古老、神奇且珍貴的野生大茶樹吧！

「千家寨一號」古茶樹，位於雲南省千家寨哀牢山海拔兩千四百五十公尺的原始森林中，是目前世界上發現的最大、最古老的野生型大茶樹，樹齡約兩千七百歲，樹高二十五點六公尺，樹幅二十二公尺，幹徑零點九公尺，葉片平均大小十四公分×五點八公分。

「千家寨一號」古茶樹

第一章　孕育發軔的早期茶

第一節　茶樹的故鄉在中國—野生大茶樹記

巴達野生大茶樹，生長於雲南省猛海縣巴達賀松大黑山海拔一千九百公尺的自然保護區中，樹高二十三點六公尺，樹幅八點八公尺，幹徑約一公尺，樹齡超過一千七百多年。二〇一二年，由於極度衰老，這棵大茶樹樹幹中空而枯死倒伏。

巴達野生大茶樹

邦崴古茶樹，生長在海拔一千九百公尺的雲南省邦崴村，樹齡一千多年，樹高十一點八公尺，樹幅九公尺，基部幹徑一點一四公尺，最低分枝零點七公尺。它是迄今為止全世界發現的唯一的過渡型古茶樹，是中國作為茶樹原產地的關鍵證據。一九九七年，中國發行的一套四枚茶郵票中的第一枚「茶樹」郵票，就是邦崴古茶樹。

邦崴古茶樹

一葉知茶
茶文化簡史

南糯山大茶樹，位於雲南省南糯山，於一九五〇年代被發現，高八點八公尺，樹幅九點六公尺，幹徑一點三八公尺，樹齡八百多年，屬栽培型古茶樹，可惜樹體於一九九四年死亡。

南糯山大茶樹

香竹箐大茶樹，位於海拔兩千兩百四十五公尺的雲南省香竹箐自然村，樹高九點三公尺，樹幅八公尺，基部幹徑一點八五公尺，據說樹齡已達三千兩百年以上，是目前世界上發現的最古老、最粗大的栽培型古茶樹，被人們稱之為「錦繡茶祖」。

香竹箐大茶樹

第一章　孕育發軔的早期茶
第二節　神奇的水晶肚──茶最初的發現及使用

　　據不完全統計，中國已有十個省、市（區）兩百多處發現有野生大茶樹，僅雲南省就有樹幹直徑超過一公尺的大茶樹十多處。目前，全世界山茶科植物有二十三個屬、三百八十多種，其中中國就有十五個屬、兩百六十餘種。隨著科學研究的不斷深入及細化，茶樹原產中國的證據更加地充分、客觀，茶樹的故鄉不再是個謎，而中國的西南地區是茶樹原產地的中心。

第二節　神奇的水晶肚──茶最初的發現及使用

　　在當代，茶不僅是中華民族的舉國之飲，更是風靡世界的健康飲料，目前全世界有五十多個國家種茶，有一百六十多個國家和地區的人喝茶。俗話說「飲水思源」，那「飲茶」的「源頭」又在哪裡呢？生長在莽莽原始叢林中的野生茶樹又是誰第一個發現並使用的呢？帶著這些問題，我們先來看一個古老的傳說故事。

　　很久很久以前，古人還沒有掌握「取火」的方法，吃東西都是生吞活剝，因此經常生病肚子痛。當時的部落首領神農為了替大家治病，總是走很遠的路到深山野嶺中採集草藥，並親口嘗試，以鑒別各種草藥的藥性。

　　據說神農生來就有個像水晶一樣透明的肚子，五臟六腑全都能看得一清二楚，因此他嘗百草的時候，能看見植物在肚子裡的變化，以此來判斷哪些食物能吃，哪些不能吃。有一天，神農吃到了一些有毒的野草，頓時覺得口乾舌麻，腹痛難忍，情急之下他隨手扯下一種開著白花的綠樹葉吃下，只覺得這樹葉味雖苦澀但有清香回甘，食後更覺精神振奮，通體舒暢。更神奇的是，肚子裡的毒素被這種樹葉清除得乾乾淨淨，就像是巡視員清查過一樣，於是他就將這種樹葉稱作「茶」。從此，每當外出嘗百草時，神農便將茶葉隨身攜帶以便解毒。他還把茶推薦給部落的人們，使更多的人免受瘟疫災害之苦。

一葉知茶
茶文化簡史

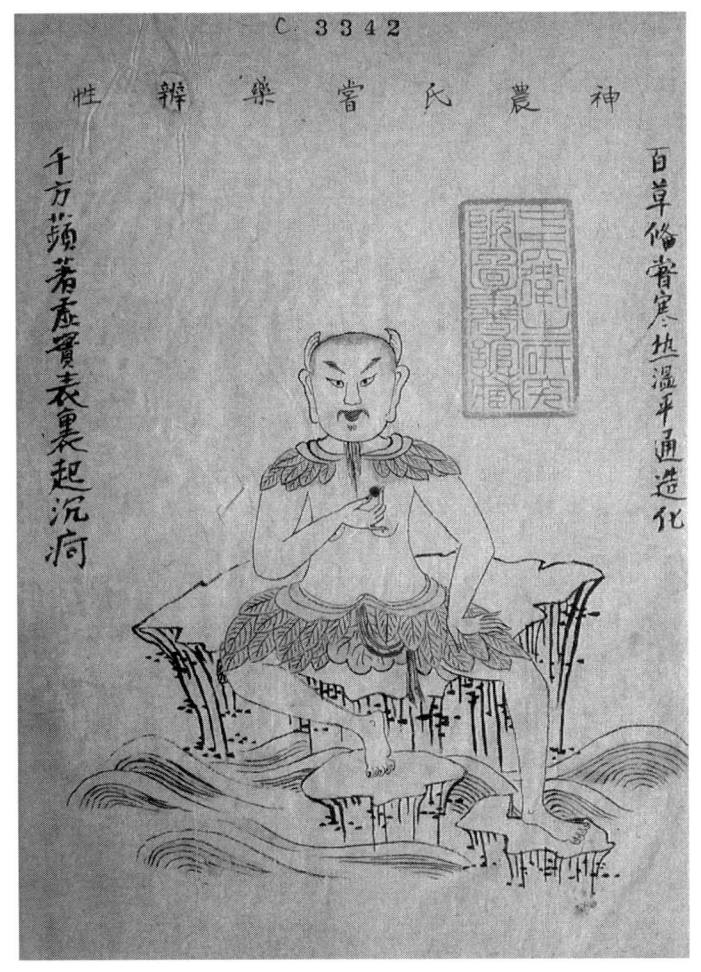

神農像

　　上述故事的主人公神農（也稱神農氏）其實就是炎黃二帝中的炎帝，生活在大約距今五千多年前。傳說他遍嘗百草，發現五穀和藥材，教會人們醫治疾病，同時還發明了農具，教人們種田、用火，因此被後世奉為農業與中醫藥之神。

第一章　孕育發軔的早期茶

第二節　神奇的水晶肚—茶最初的發現及使用

傳說故事固然有其不實之處，但在一定程度上也反應了當時的真實生活。成書於漢代的《神農本草經》有載：「神農嘗百草，日遇七十二毒，得荼而解之。」、「荼」為「茶」字的古體，這是茶葉作為藥用的最早記載。唐代陸羽《茶經‧六之飲》中也有「茶之為飲，發乎神農氏」的記述。可以肯定的是：茶葉早在神農時代就已被我們的祖先發現，並作為一味中草藥使用，具體的方法是直接咀嚼茶樹鮮葉。至於，茶是否是神農首先發現的，還有待考證。

漸漸，茶除了生吃以作藥用外，還被當作野菜食用。到山野去採摘野生茶樹的鮮葉，交通十分不便，如果遇上下雨就更加困難，採來的新鮮葉子也不容易保存，所以，人們就把天晴時採來的葉子晒乾貯藏，以便隨時取用，這可以說是最原始的茶葉加工方法。如果遇上連續的陰雨天，茶葉沒辦法晒乾怎麼辦呢？古人就把茶葉灌進瓦罐或竹筒裡壓實，放置一段時間後，直接開罐食用。這樣的茶葉叫作醃茶。直到今天，雲南南部的一些少數民族如景頗族、德昂族，仍然還有加工醃茶和食用醃茶的習慣。

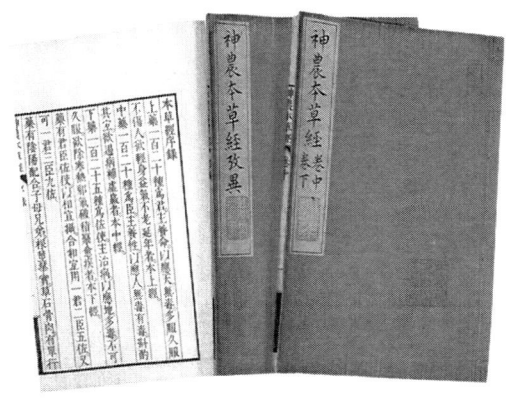

《神農本草經》

一葉知茶
茶文化簡史

隨著學會用火,人類文明進入一個新的階段,即食物從生吃發展到熟吃,茶葉也隨之從生吃發展為生煮羹飲。

基諾族吃茶的傳統　　　　　中國茶葉博物館內的吳理真像

第一章　孕育發軔的早期茶
第三節　茶的最先種植者

第三節　茶的最先種植者

　　隨著人們對茶葉的使用量日益增加，野生的茶樹數量有限，而且路途遙遠，採摘十分不便。漸漸，古人就學會了人工種植茶樹。那麼，究竟誰是第一個種茶人呢？據史料記載，一位叫吳理真的人，被認為是中國，乃至全世界有明確文字記載的最早種茶人。早在西漢年間，他就在四川的蒙山上清峰一帶手植茶樹，並留下了很多膾炙人口的故事。

　　吳理真，號甘露道人，道家學派人物。他從小家境貧寒，父親早逝，母親積勞成疾，小小年紀每天早起熬夜，割草拾柴，換米糊口，為母親治病。

　　一天，吳理真拾好柴，口渴得直冒火，順手摘了一把野生茶樹葉，放在口中咀嚼，食後發現口舌生津，困乏漸消，精神倍增，頗感神奇。於是，他又摘了些樹葉帶回家中，用水煎煮，讓老母飲下，果然有效，連服數日，病情好轉。一傳十，十傳百，後來，鄉親們病了，也都用這種葉子煮水飲用。可惜這種樹不多，不能滿足治病救人的需要，於是吳理真決心培育出更多的茶樹。

　　他跑遍蒙山採摘茶籽，又仔細分析研究野生茶樹的生長環境，發現蒙頂上清峰一帶雨量充沛，土質肥厚，終年雲遮霧繞，十分適宜茶樹生長。為了種茶，他還在荒山野嶺搭棚造屋，掘井取水，開墾荒地，播種茶籽，管理茶園，投入了自己的全部心血。幾經失敗，皇天不負有心人，最後終於培育成功，吳理真植茶為民的事蹟開創了人工種茶的先河，他本人也被後人尊稱為「茶祖」。在蒙頂山上，至今還尚存有蒙泉井、皇茶園、

四川雅安蒙山吳理真種茶遺址

一葉知茶
茶文化簡史

甘露石室等與吳理真有關的古跡。

　　需要補充說明的是，近幾年來，隨著茶文化研究的不斷深入，有專家指出，吳理真有可能是宋代以後蒙山地區民間虛構出來的人物形象，「人工植茶第一人」就像「水稻種植第一人」、「小麥種植第一人」等一樣，是無法可考的。但可以肯定的是，蒙山及巴蜀地區遠在先秦，至遲在秦漢時期，就開始了人工種植茶樹，並慢慢將茶從食用、藥用發展為飲用。

第四節　愛喝茶的古巴蜀人

　　清代著名學者顧炎武，在其著作《日知錄》中曾說：「自秦人取蜀而後，始有茗飲之事。」意思是說，自從秦國吞併巴蜀以後，才開始有飲茶這件事。也就是說，中國其他地區飲茶是以巴蜀為起點傳播，為什麼會有這麼一說呢？

　　先秦時期的巴蜀地區，即今天的重慶、四川一帶。茶從中國西南地區順江河流入古巴蜀國，並很快發展起來。中國最早的一部地方志書《華陽國志》有載：「武王既克殷，以其宗姬封於巴，爵之以子……魚、鹽、銅、鐵、丹、漆、茶、蜜……皆納貢之。其果實之珍者：樹有荔枝，蔓有辛蒟，

《華陽國志‧巴志》書影

17

第一章　孕育發軔的早期茶
第四節　愛喝茶的古巴蜀人

圃有芳蒻、香茗、給客橙、葵。」這一史料說明，早在三千年前的周武王時期，古巴蜀國的人們已開始種茶於園圃，並把它們作為地方的特產，進獻給周武王。這是中國人工栽培茶樹及把茶作為貢品的最早的文字記載。

王褒像　　　　　　　　　　《僮約》書影

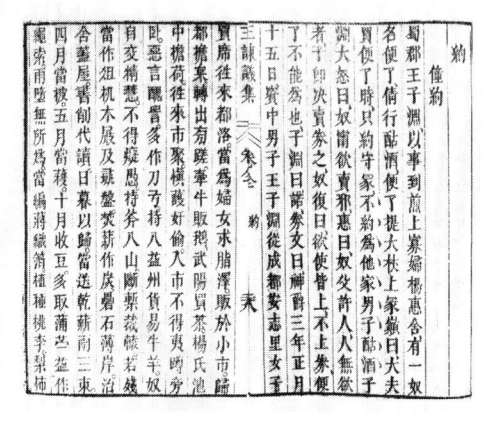

到了漢代，巴蜀地區飲茶已較為普遍，茶成為商品，在集市中進行買賣。西元前五九年，西漢川人王褒在他買賣家奴的文書《僮約》中明確規定，家奴的工作項目中有「烹茶盡具」以及「武陽買茶」兩項。「烹」即「烹煮」，「盡」通「淨」，由此可知，早在兩千多年前的巴蜀上層人家，茶是煮著喝的，並且煮茶前要把茶具清洗乾淨。不僅如此，當時還形成了武陽這樣的茶葉買賣市場。《僮約》也成為了世界上茶葉商品化的最早記載。

三國時魏人張揖，在他的《廣雅》一書中，對當時荊巴一帶的飲茶方式進行了詳細描述，書中寫道：「荊巴間，採茶作餅，葉老者餅成，以米膏出之，都煮茗飲，先炙令赤色，搗末入瓷器中，以湯澆復之，用蔥、薑、桔子芼之。」意思是說，荊巴一帶的人們把採摘的茶葉製成餅狀，若是葉老的就和米膏一起攪和成茶餅。煮飲時，先將茶餅炙烤成深紅色，再搗成茶末放置於瓷器中，並混和蔥、薑、橘皮等物，一起煮飲。這一時期，簡單的茶葉加工已經出現，生煮羹飲的喝茶方式也較早期有了改進，並且飲茶已由巴蜀一帶向東傳播到了荊楚一帶。

一葉知茶
茶文化簡史

到了兩晉時期，巴蜀地區已然成為了當時全中國茶葉生產及集散的中心。西晉張載〈登成都白菟樓〉詩云：「芳茶冠六清，溢味播九區。」西晉孫楚在〈出歌〉中也指出：「茱萸出芳樹顛，鯉魚出洛水泉。白鹽出河東，美豉出魯淵。薑桂茶荈出巴蜀，椒橘木蘭出高山。」隨著巴蜀地區與各地經濟、文化交流的增強，茶葉種植、加工、飲用的方法也逐漸向東部及中部廣大地區傳播。

武陽茶市老街

東漢原始瓷灶（中國茶葉博物館館藏）

漢青銅獸耳釜（中國茶葉博物館館藏）

第一章　孕育發軔的早期茶

第五節　三國就有的「以茶代酒」

第五節　三國就有的「以茶代酒」

從漢代到三國，飲茶一方面在巴蜀、荊楚等地蓬勃發展，一方面又沿長江順流而下，慢慢傳播到了長江中下游地區。漢初，湖南長沙及其所屬茶陵縣已成為重要的茶產區。西漢元封五年（西元前一〇六年）置茶陵縣。一九七三年出土的長沙馬王堆漢墓中，有「茶陵」封泥印鑒，還有「檟笥」的竹簡、木牘和包裝。茶鄉湖州的一座東漢晚期墓葬，出土了一隻完整的青瓷甕，肩部刻有一「茶」字（重新造字），可知長江中下游地區在當時已經出現了茶。

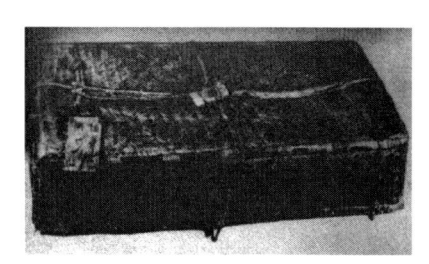

馬王堆漢墓出土的竹笥

不僅如此，在這一時期，長江中下游地區留下的除了這些與茶相關的文物遺跡以外，還有很多與茶相關的典故，今天我們就來說一說「以茶代酒」的故事。

話說西元二六四年，東吳的末代皇帝孫皓即位。起初他十分賢明，下令撫恤人民、開倉賑貧、減省宮女等，但一段時間後，治國有成、志得意滿的孫皓便顯露出粗暴驕盈的本性，變得

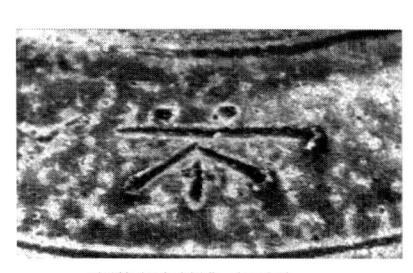

東漢青瓷茶罐（局部）

出土於湖州的東漢青瓷茶罐

沉溺酒色，專於殺戮，昏庸暴虐。

此君好酒，經常擺酒設宴，要群臣作陪。他的酒宴有一個規矩：每人以七升為限，不管會不會喝，能不能喝，七升酒必須見底。大臣中有個人叫韋曜，為人正直，博學多才，很得孫皓器重，被封為高陵亭侯，任中書僕射。可惜此人不會喝酒，酒量最多只有二升。每次宴飲，孫皓怕他不勝酒力而出洋相，對他特別優待，暗中賜給他茶來代替酒，得以蒙混過關。這就是「以茶代酒」的出處。西晉陳壽《三國志‧吳志‧韋曜傳》有載：「皓每饗宴，無不竟日，坐席無能否率已七升為限，雖不悉入口，皆澆灌取盡。曜素飲酒不過二升，初見禮異，為裁減，或密賜茶荈以當酒。」

韋曜很感激孫皓，決定報答他，於是忠心耿耿地大膽直言，經常不顧孫皓的面子提出建議，把孫皓氣得不行，從而逐漸被冷落。一次，韋曜在奉命記錄關於孫皓之父南陽王孫和的事蹟時，因不願意將孫和列入帝紀，觸怒了孫皓，被殺頭送了命。

西元二八〇年，吳國為西晉所滅，孫皓也做了俘虜，被遣送到了洛陽，受封「歸命侯」，並於四年後病故。但是「以茶代酒」一事直到今天仍被人們廣為應用，每逢宴飲，不善飲酒或不勝酒力者，往往會端起茶杯，道一句「以茶代酒」以盡禮數，既推辭擺脫了飲酒的尷尬，又不失禮節，且極富雅意，這恐怕是孫皓和韋曜都始料未及的吧！

第六節　以茶養廉──陸納杖侄的故事

隨著飲茶的逐漸普及，到了魏晉南北朝時期，人們發現飲茶不僅可以生津止渴，還有助於修身養性。於是乎，在這一時期出現了不少與茶相關的詩賦，如西晉孫楚的〈出歌〉、左思的〈嬌女詩〉、杜育的〈荈賦〉等，茶文化的萌芽悄

第一章　孕育發軔的早期茶
第六節　以茶養廉—陸納杖侄的故事

然顯現。另一方面，這一時期以石崇、王愷為代表的門閥貴族，鋪張浪費，鬥富爭奢，風氣敗壞，一些有識之士以茶性儉的精神，提出以茶養廉，來對抗奢靡之風，其中的典型例子當推「陸納杖侄」。

晉《中興書》記載：「陸納為吳興太守時，衛將軍謝安常欲詣納，納兄子

魏晉南北朝 敦煌壁畫（局部）

俶怪納無所備，不敢問之，乃私蓄十數人饌。安既至，所設唯茶果而已。俶遂陳盛饌，珍羞必具。及安去，納杖俶四十，云：汝既不能光益叔父，奈何穢吾素業？」

陸納，字祖言，是三國時名將陸遜的後代，在東晉時曾擔任過尚書吏部郎、太守等許多重要職務。他不但為政清廉，而且在生活上也十分儉樸，從來不奢侈鋪張，很受人敬佩，有「恪勤貞固，始終勿渝」的口碑，是一個以儉德著稱的人。

晉越窯青釉碗（中國茶葉博物館館藏）

一葉知茶
茶文化簡史

　　陸納出任吳興太守時，衛將軍謝安非常敬重他的人品，便派人對陸納說打算抽空到他家去拜訪。陸納雖然知道謝安在朝中是一位權勢顯赫的大人物，但即使對於這樣一位貴客臨門，他也並沒有打算大肆操辦接待。倒是他的侄子陸俶，聽說將軍大人要光臨，認為這是千載難逢的機會，應當好好招待一番。但他深知他叔父的為人，便瞞著叔父，自作主張悄悄置辦了豐盛的菜肴。

　　當謝安到來以後，陸納只端上了一杯清茶和一些水果。陸俶見狀，不願丟了面子，便將自己私下裡準備的豐盛筵席備辦起來，盛情招待了謝安。陸納對侄子這種討好上司的鋪張奢華的做法極為惱火，他強壓下怒火，與客人邊吃邊談。等到送走謝安，陸納大發雷霆，狠狠斥責陸俶：「你這樣講排場，不僅不能為你父親和叔父我的臉上增添光彩，反而敗壞了我們家的家風！」他責打了陸俶四十杖，以示懲戒。

　　這一時期，提倡「以茶養廉」的代表人物還有東晉明帝之婿──桓溫，他不但政治、軍事才幹卓著，而且提倡節儉。《說郛》記載：「桓溫為揚州牧，性儉，每宴飲，唯下七奠拌茶果而已。」南朝齊武帝蕭賾曾立下遺詔說：「我靈上慎勿以牲為祭，唯設餅、茶飲、乾飯、酒脯而已。天下貴賤，咸同此制。」

　　兩晉南北朝時期，是各種文化思想交融碰撞的時期，而這些文化思想又有許多與茶相關，茶已經超出了它的自然功能，其精神內涵日益顯現，中國茶文化已初現端倪。

東漢青瓷弦紋杯（中國茶葉博物館館藏）

第一章　孕育發軔的早期茶
第七節　有趣的茶字及茶別名

第七節　有趣的茶字及茶別名

　　試著認一認下圖中的漢字，你們可以準確讀出幾個？雖然這幾個字讀音、寫法各不相同，但是在古時候都曾用來表示「茶」這一植物。

茶及其別稱

　　在中國古代，表示茶的字很多，一般都是「木」字旁或「草」字頭。在「茶」字通用之前，最常用的有檟、荈、蔎、茗、荼等。

　　檟，音「ㄐㄧㄚˇ」，中國最早的詞典《爾雅·釋木》中，就有「檟，苦荼」的記載，東漢許慎的《說文解字》和晉郭璞的《爾雅注》對此還作了專門的解釋。

　　荈，音「ㄔㄨㄢˇ」，最早見於西漢司馬相如的〈凡將篇〉，其中有「荈詫」一詞。三國魏時的《雜字》曰「荈，茗之別名也」；杜育的〈荈賦〉及南朝宋山謙之的《吳興記》也將茶稱為「荈」；《魏王花木志》還進一步談及：「其老葉謂之荈，細葉謂之茗。」

　　蔎，音「ㄕㄜˋ」，《說文解字》：「蔎，香草也，從草設聲。」蔎的本義是指香草或草香，因茶具香味，故用蔎借指茶。唐代陸羽《茶經》注：「楊執戟云：蜀西南人謂茶曰蔎。」

　　茗，音「ㄇㄧㄥˊ」，其出現比「檟」、「荈」晚，本義是指草木的嫩芽，後來就專指茶的嫩芽。《說文解字》中載：「茗，茶芽也。」《晏子春秋》中說晏嬰任齊景公國相時，吃糙米飯，三五樣葷食及茗和蔬菜。《神農食經》曰：「茶茗久服，令人有力，悅志。」《桐君錄》中也說道：「西陽、武昌、晉陵皆出好茗，東巴別有真香茗，煎飲令人不眠。」如今，茗作為茶的雅稱也常為文人學

一葉知茶
茶文化簡史

士所用。

荼，音「ㄊㄨˊ」，是「茶」的古體字，現通用的「茶」字就是由「荼」字逐漸演變而來。早在中國第一本詩歌總集《詩經》裡，「荼」字就出現了不下五處，其中《詩經·邶風》中就有「誰謂荼苦，其甘如薺」的詩句。此外，在《爾雅》、《說文解字》、《十三經注疏》等古籍中都有「荼」字的解讀。

那我們現在通用的「茶」字到底是從什麼時候開始使用的呢？原來是中唐時期，陸羽撰寫《茶經》時，採用了《開元文字音義》的用法，統一改寫成「茶」字。從此，茶字的字形、字音和字義沿用至今。

茶除了有眾多的漢字表示形式以外，還有不少有趣的別名。

不夜侯。西晉張華在《博物志》中說：「飲真茶令人少睡，故茶別稱不夜侯，美其功也。」五代胡嶠在飲茶詩中讚道：「破睡須封不夜侯。」

清友。宋代蘇易簡《文房四譜》中載有：「葉嘉，字清友，號玉川先生。清友，謂茶也。」唐代姚合品茶詩云：「竹裡延清友，迎風坐夕陽。」

滌煩子。唐代的《唐國史補》載：「常魯公（即常伯熊，唐代煮茶名士）隨使西番，烹茶帳中。贊普問：『何物？』曰：『滌煩療渴，所謂茶也。』因呼茶為滌煩子。」唐代施肩吾詩云：「茶為滌煩子，酒為忘憂君。」飲茶，可洗去心中的煩悶，歷來備受讚詠。

餘甘氏。宋代李郛在《緯文瑣語》中說：「世稱橄欖為餘甘子，亦稱茶為餘甘子。因易一字，改稱茶為餘甘氏，免含混故也。」五代胡嶠在飲茶詩中也說：「沾牙舊姓餘甘氏。」

清風使。據《清異錄》載，五代時，有人稱茶為清風使。唐代盧仝的茶歌中也有飲到七碗茶後「惟覺兩腋習習清風生，蓬萊山，在何處，玉川子，乘此清風欲歸去」之句。

酪奴。少數民族稱茶與乳酪為奴。南北朝時，北方貴族仍然不習茶飲，甚至鄙視、抵制飲茶。南齊祕書丞王肅因父親獲罪被殺，投歸北朝，任鎮南將軍。

第一章　孕育發軔的早期茶
第七節　有趣的茶字及茶別名

剛北上時，王肅不食羊肉及乳酪，常吃鯽魚羹，喝茶。喝起茶來，一喝就是一斗，北朝士大夫稱為「漏巵」。數年後，王肅參加北魏孝文帝舉行的朝宴，卻大吃羊肉，喝乳酪粥。孝文帝很奇怪，問道：「卿為華夏口味，以卿之見，羊肉與魚羹，茗飲與酪漿，何者為上？」王肅回答說：「羊是陸產之最，魚為水族之長，都是珍品。如果以味而論，羊好比齊、魯大邦，魚則是邾、莒小國。茗最不行，只配給酪作奴。」孝文帝大笑。

森伯。《清異錄》中說：「湯悅有森伯頌，蓋頌茶也。略謂：方飲而森然，嚴於齒牙，既久罡肢森然。二義一名，非熟夫湯甌境界，誰能目之。」

苦口師。晚唐著名詩人皮日休之子皮光業，自幼聰慧，十歲便能作詩文，頗有家風。皮光業容儀俊秀，善談論，氣質倜儻，如神仙中人。有一天，皮光業的表兄弟請他品嘗新柑，並設宴款待。那天，朝廷顯貴雲集，筵席殊豐。皮光業一進門，對新鮮甘美的柳丁視而不見，而是急呼要茶喝。於是，侍者只好捧上一大甌茶湯，皮光業手持茶碗，即興吟道：「未見甘心氏，先迎苦口師。」此後，茶就有了「苦口師」的雅號。

一葉知茶
茶文化簡史

第二章　法相初具的唐代茶

　　唐代是中國古代文明的黃金時代，也是茶文化的黃金時期。正是在這一時期，飲茶習俗通行全國，各類人等無論高低貴賤都識茶懂茶，形成了一股飲茶的潮流，並最終促成了中國獨特茶文化的形成、發展和傳播。茶開始有了統一的名稱叫法、分類等級、稅榷制度等，可以說是法相初具的文化階段。

　　到了中唐時期，尤其是茶聖陸羽著成《茶經》之後，飲茶風尚和品飲藝術等都有了很大的發展，茶葉的加工製作也更加規範統一，並隨著唐與周邊民族的交流廣泛地傳播到其他地區。正如《封氏聞見記》中所說：「自鄒、齊、滄、棣漸至京邑，城市多開店鋪，煎茶賣之⋯⋯按此古人亦飲茶耳，但不如今人溺之甚，窮日盡夜，殆成風俗。始自中地流於塞外⋯⋯」

《封氏聞見記》

第二章　法相初具的唐代茶
第一節　唐代的禪茶與貢茶

第一節　唐代的禪茶與貢茶

　　大業六年（西元六一〇年），隋煬帝下令繼開江南運河。至此，連結黃河與長江、聯通北方與南方的京杭大運河，成為了古代中國的經濟動脈。南方的穀物、鹽、生薑、荔枝、茶，透過大運河漕運源源不斷地運送到了北方。運河連接了南北兩大區域，形成了統一的經濟市場，也為唐代社會經濟文化的繁榮提供了堅實的基礎。

　　唐代，南方的飲茶風習逐漸影響了北方，茶在北方迅速傳播開來。其中，禪宗佛教的興盛與影響是飲茶風俗影響整個唐代社會的一個重要原因。女皇武則天大力推崇佛教，在各地大興寺廟，造像度僧。在這一時期，茶已經成為了佛教僧人日常生活中的一部分。僧人禁止飲酒，且在午後禁食，這使得飲茶的習慣在寺院中大為流行。僧人們開墾茶園，種植茶樹，在冥想時飲茶，在寺院茶禮中向佛祖獻茶，在接待訪客時敬茶，甚至向朝廷供奉貢茶。這在封演所著的《封氏聞見記》中反映得十分充分，「開元中，泰山靈岩寺有降魔大師大興禪教。學禪務於不寐，又不夕食，人皆許飲茶，到處煮飲，以此轉相效仿，遂成風俗」。

　　茶葉也是在唐代時隨著佛教傳播到了日本和朝鮮半島。茶葉東傳日本中，最為有名的兩位僧人分別是最澄和空海。最澄入天台山佛隴寺學習佛法，從座主行滿處學習天台教義。行滿原為佛寺中主持茶禮的僧人，在餞別最澄的宴席中，他以茶代酒送別最澄。最澄在回到日本後，試種茶籽於日本滋賀縣，這也是日本最早的種

唐代顧渚紫筍貢茶院遺址

一葉知茶
茶文化簡史

植茶葉的記載。與最澄同年入唐的空海，留學於長安，歸國時，他不僅帶回了茶籽，還帶回了製茶的石臼，以及中國茶的蒸、搗、焙等製茶技術，這是中國的飲茶方法和習俗在日本的最早傳播。

唐代茶事興盛的另一個重要原因，是朝廷貢茶的出現。唐代貢茶有湖州紫筍茶、宜興陽羨茶等。茶聖陸羽最為推崇的是產於太湖西側長興顧渚山的紫筍茶。西元七七一年，唐代宗在長興建造了歷史上首個貢茶院，也就是皇家的茶葉加工場。最開始貢茶產量僅為五百斤，之後產量逐漸上升，到西元八四六年，歲貢增至一萬八千四百斤，超過三萬名茶農承擔了貢茶徭役，在貢茶院日夜勞作。當時製作的頭等茶葉稱為「急皇茶」，茶農們將採摘製作好的貢茶上交後，專職官員日夜兼程送往長安，每三十里設置一個驛站，以保證貢茶在清明前送至皇宮。湖川刺史袁高，曾親眼目睹茶農擔負著高額的貢茶苛役，作了一首五言長律〈茶山詩〉呈諫德宗皇帝：

禹貢通遠俗，所圖在安人。後王失其本，職吏不敢陳。
亦有奸佞者，因茲欲求伸。動生千金費，日使萬姓貧。
我來顧渚源，得與茶事親。甿輟耕農未，採採實苦辛。
一夫旦當役，盡室皆同臻。捫葛上敧壁，蓬頭入荒榛。
終朝不盈掬，手足皆鱗皴。悲嗟遍空山，草木為不春。
陰嶺芽未吐，使者牒已頻。心爭造化功，走挺麋鹿均。
選納無晝夜，搗聲昏繼晨。眾工何枯槁，俯視彌傷神。
皇帝尚巡狩，東郊路多堙。周迴繞天涯，所獻愈艱勤。
況值兵革困，重滋困疲民。未知供御餘，誰合分此珍？
顧省忝邦守，又慚復因循。茫茫滄海間，丹憤何由申！

第二章　法相初具的唐代茶
第二節　「茶聖」陸羽與《茶經》

第二節　「茶聖」陸羽與《茶經》

　　陸羽，字鴻漸，是一名棄嬰，被竟陵龍蓋寺的智積禪師在經過一座小石橋的時候發現，然後抱回寺中收養。在龍蓋寺，陸羽學會了烹茶技藝，但他不願為僧，在十二歲時逃出了龍蓋寺，到一個戲班子學演戲。後來，他與竟陵司馬崔國輔相識，兩人常相伴出遊，品茶鑒水，談詩論文。安史之亂爆發後，大批北方難民逃往福建等沿海地區。而陸羽為躲避戰亂，渡過長江，對長江南岸的山川江河、風物人情尤其是茶葉產區進行了深入考察。西元七六〇年，陸羽「結廬苕溪之濱，閉門對書」，開始了《茶經》的寫作。

　　西元七八〇年左右，世界上最早的一部茶葉專著《茶經》問世。陸羽所著《茶經》三卷十章，分別為：「一之源」，考證茶的起源及性狀；「二之具」，記載採摘製作茶的工具；「三之造」，記述茶葉種類與方法；「四之器」，記載煮茶飲茶的器具；「五之煮」，記載烹茶法及水的選用；「六之飲」，記載飲茶風俗和品茶之法；「七之事」，記載茶葉的典故與藥效；「八之出」，列舉了茶葉產地及茶葉優劣；「九之略」，指茶器的使用可因條件而異，不必拘泥；「十之圖」，是將採茶、加工、飲茶的全過程繪在絹布上，懸掛於茶室，品茶時就可以始終領略茶的經意。

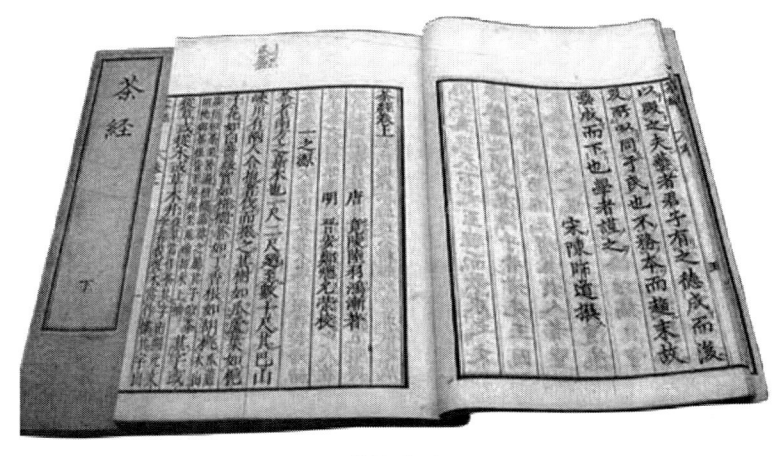

《茶經》書影

一葉知茶
茶文化簡史

隨著陸羽《茶經》的問世,「天下益知飲茶矣」。茶從普通的飲品上升到了文化層面,成為了中國人生活中不可分離的一部分。《茶經》是一部全面論述茶文化的專著,對茶的起源、歷史、生產、加工、烹煮、品飲,以及諸多人文與自然史實進行了深入細緻的研究與總結,使茶葉真正成為專業的技藝和思想文化。

在《茶經》中,陸羽還闡述了自己獨到的飲茶思想。在陸羽生活那個時代,唐代人是用團餅茶煮飲的方式來喝茶的。茶葉先製作成茶餅,放入茶臼或茶碾中碾成茶末,再投入茶鍑中煎煮,煮的時候還要加入鹽、橘皮和生薑等調味品,是一種調飲茶。陸羽認為民間普遍流行的調飲法如「溝渠間棄水」(見《茶經·六之飲》),喪失了茶原本的滋味,提出了與之相對的清飲法,即不添加過多佐料,以茶的本味為目標煎煮茶湯。

《茶經》是陸羽對唐代及唐代以前有關茶葉的知識和經驗的系統總結。他遊歷山川,躬身實踐,深入了解當時茶葉的生產和製作,又博收製茶之人的採製經驗,追溯和歸納時盛行的各種茶事,深入細緻研究茶的起源、歷史、生產、加工、烹煮、品飲以及諸多社會人文因素,使茶學真正成為一種專門的學科。

陸羽除了被尊稱為「茶聖」,還被民間祀為「茶神」。據《新唐書》記載,當時從事茶葉生意的人們,會把陸羽的陶像擺放在烘爐煙囪之間供奉。

《茶經》書影　　陸羽像

第二章　法相初具的唐代茶
第三節　法門寺的茶具

第三節　法門寺的茶具

　　一九八一年，陝西省扶風縣的雨水似乎特別多，縣裡法門寺旁的明代寶塔終於受不了雨水的浸潤，在歷經了三百七十五年的風雨後轟然坍塌。一九八七年的某一天，人們準備重修寶塔，而在清理塔基時有了一個驚人的發現。

唐琉璃盞托

　　原來，在寶塔的底部隱藏了一個唐代的地宮，地宮裡存放了數以千計的唐代皇室供奉給佛祖的珍寶。這些一千一百多年前的寶物件件精美絕倫、價值連城，讓人看得目瞪口呆。這其中就有一套金銀茶具，質地之貴重，做工之精巧，造型之優美，堪稱茶具中的國寶。

　　人們從茶具鏨有的銘文中得知，這些茶具製作於唐咸通九年至十二年（西元八六八～八七一年），「文思院造」的字樣表明它們都是御用品。同時，在銀則、長柄勺、茶羅子上都還刻畫有「五哥」兩字。「五哥」乃是唐朝第十八位皇帝唐僖宗李儇小時候的愛稱，表明此物是僖宗皇帝所供奉。這次出土的茶具，除金銀茶具外，還有琉璃茶具和祕色瓷器茶具。此外，還有食帛、揩齒布、折皂手巾等，也是茶道用品。

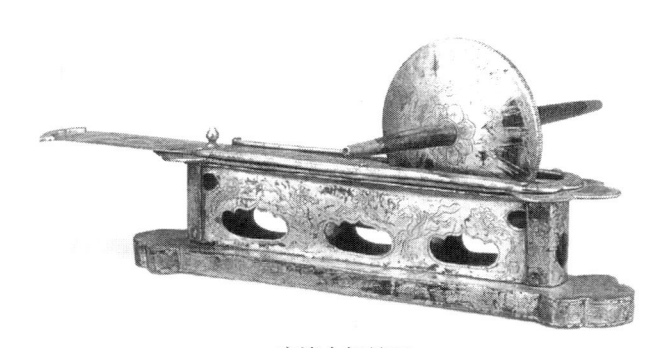

唐鎏金銀茶碾

一葉知茶
茶文化簡史

唐鎏金銀茶羅

唐鎏金銀籠子

我們想要認識這些一千多年前的茶具，首先要了解唐代的飲茶方式。在唐代，飲茶也稱之為「吃茶」。人們將茶葉摘下蒸熟後，搗碎，用模具製成茶團或茶餅，烘乾保存。在飲茶之前，先將茶團或茶餅進行再次烘烤，然後用茶碾將茶葉碾成細末，過篩後放在火爐上煎煮。煮茶時還要加鹽、花椒、薑、桔皮、薄荷等調味料。煮好後，再用長柄的勺子分裝到茶碗裡飲用。

在法門寺發現的這一套精美絕倫的銀質鎏金茶具，正是陸羽在《茶經》中所描述的茶道用具。這些器具不是用竹木或者銅鐵製成，而是用稀有的金銀和玻璃製成，並且由當時最頂尖的能工巧匠製成，為我們揭開了唐代飲茶的華美篇章。

第二章　法相初具的唐代茶
第四節　敦煌遺書《茶酒論》

第四節　敦煌遺書《茶酒論》

　　敦煌遺書和死海古卷一樣，都是研究古代宗教的重要文獻。敦煌遺書在西元一九〇〇年發現於敦煌莫高窟，總數約為五萬卷，其中佛經約占百分之九十。在浩瀚的遺書古卷中，有一本唐代古籍引起了茶界的極大興趣，那就是唐代鄉貢進士王敷所寫的《茶酒論》。

　　《茶酒論》採用的不是普通的討論或者論述的形式，而是用了擬人的手法，以茶和酒兩者對話的方式，旁徵博引，取譬設喻，雙方各抒己見，以自己的優點和長處為論據，對比對方的缺點和短處，意圖壓服對手。

　　在《茶酒論》中，茶稱自己為「百草之首，萬木之花。貴之取蕊，重之摘芽。呼之茗草，號之作茶」。而酒則不甘示弱，也言道：「自古至今，茶賤酒貴。單醪投河，三軍告醉。君王飲之，叫呼萬歲；群臣飲之，賜卿無畏。」茶聽酒

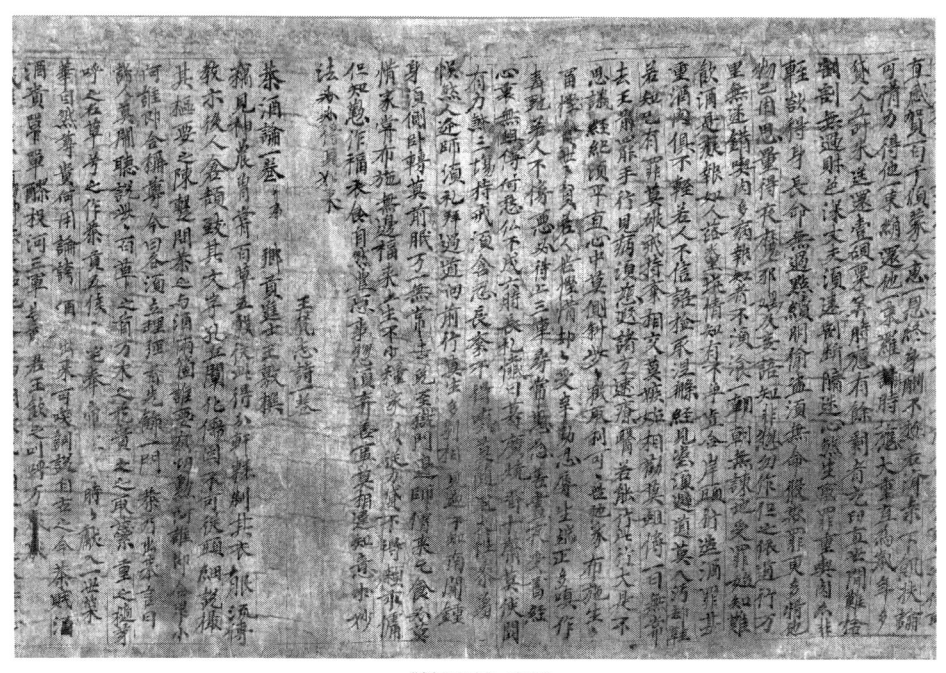

《茶酒論》書影

一葉知茶
茶文化簡史

說「茶賤酒貴」，反駁道：「阿你不聞道：浮梁歙州，萬國來求。蜀川蒙頂，登山驀嶺。舒城太湖，買婢買奴。越郡餘杭，金帛為囊。」浮梁是唐代著名的茶市，所產的片茶盛極一時。而歙州即江西婺源一帶，所產歙州茶在《茶經》中也有論述。這兩個地方都是唐代著名的產茶地區，也是茶市隆盛的地區。

隨後，茶與酒分別就自己的功效展開論述。酒說自己「禮讓鄉閭，調和軍府」，而茶則稱自己「飲之語話，能去昏沉。供養彌勒，奉獻觀音」。從側面也反映了茶在佛教寺院中的重要地位。同時，茶反譏：「酒能破家散宅，廣作邪淫。打卻三盞已後，令人只是罪深。」而酒則稱：「茶吃只是腰疼，多吃令人患肚。一日打卻十杯，腸脹又同衙鼓。」看來，當時的人們對茶酒的功效都有不同的看法。

除了爭論對人的身體有哪些好處和壞處之外，茶和酒還在精神層面上相爭不下。酒說「酒能養賢」，而茶則反唇相譏「即見道有酒黃酒病，不見道有茶瘋茶癲」。兩者之間的爭論實在是太激烈了，以至於最後水出來打圓場：「茶不得水，作何相貌？酒不得水，作甚形容？米麴乾吃，損人腸胃；茶片乾吃，只礪破喉嚨。」仔細一想，也是非常有道理。無論是茶或酒，在製造、飲用的過程中都離不開水；而且越優質的水，越能釀出好酒，泡出好茶。水這麼一出場，茶和酒也只有偃旗息鼓，不再爭辯了。水還說：「從今已後，切須和同。酒店發富，茶坊不窮。」茶和酒要相互和同，才能發富不窮。

整篇文章讀起來詼諧有趣，既辯明理又不淪於說教，而且擬人化的手法又給人以親近之感，想來茶和酒在當時本來就已是貼近百姓生活之物，像這樣來談論、比較茶和酒也是十分生動有趣。

第二章　法相初具的唐代茶
第五節　盧仝與〈七碗茶詩〉

第五節　盧仝與〈七碗茶詩〉

　　歷史上有許多與茶有關的詩作廣為流傳，如宋代大文豪蘇軾的〈次韻曹輔寄壑源試焙新茶〉：「仙山靈草濕行雲，洗遍香肌粉未勻。明月來投玉川子，清風吹破武陵春。要知玉雪心腸好，不是膏油面首新。戲作小詩君勿笑，從來佳茗似佳人。」又比如陸游的〈晝臥聞碾茶〉：「小醉初消日未晡，幽窗催破紫雲腴。玉川七碗何須爾，銅碾聲中睡已無。」兩人詩中都出現了「玉川」二字，那麼這個玉川子到底是誰呢？為什麼都出現在了兩首茶詩之中？

　　玉川子指的就是唐代詩人盧仝，號玉川子。盧仝是初唐四傑盧照鄰的嫡系子孫，自幼家境貧寒，卻寫得一手好詩文。他隱居山林，拒絕了朝廷請他出仕的要求，以讀書、寫詩、喝茶度日。盧仝愛茶成癖，作了一首〈七碗茶詩〉流傳古今。盧仝的〈七碗茶詩〉原題為〈走筆謝孟諫議寄新茶〉，是感謝他的友人諫議

盧仝碑

一葉知茶
茶文化簡史

大夫孟簡為他寄來了新茶,品嘗了七碗茶後彷彿得道成仙的意境。後人遂稱盧仝為「茶仙」。

詩中最為膾炙人口的,恐怕就是描寫盧仝連喝七碗茶後幾欲成仙的詩句了:「一碗喉吻潤,二碗破孤悶。三碗搜枯腸,唯有文字五千卷。四碗發輕汗,平生不平事,盡向毛孔散。五碗肌骨清。六碗通仙靈。七碗吃不得也,唯覺兩腋習習清風生。」

盧仝在收到朋友寄來的新茶後,立即關起了門煎茶品嘗,在連喝七碗以後,「唯覺兩腋習習清風生」,幾乎要飄然而去蓬萊仙島了。當然,盧仝在每喝一碗的時候都有自己獨特的感受。第一碗時,唇喉滋潤,身心放鬆;第二碗時,煩雜孤悶的心緒蕩然一清;第三碗時,幫助思想清明,激發詩興靈感;第四碗時,身發輕汗,人間諸事都如雲煙散去;第五碗時,肌骨都為之一輕;第六碗時,到了連神靈也能相通的境界;第七碗不能再喝了,只覺得腋下兩股清風吹過,彷彿已成仙得道。

《盧仝煮茶圖》局部

第二章　法相初具的唐代茶
第六節　文成公主與茶

　　盧仝能寫出如此生動的詩文來描述喝茶感受，和他隱於山林、不顧仕進的生活態度有很大關聯。每一碗茶，在盧仝看來都是一道深刻的體驗，都是對自身內省的良好助劑。他的〈七碗茶詩〉道出了愛茶之人的內心獨白，談出了品茶當中的人生之道，成為了所有茶人的共鳴。

　　在詩的最後，盧仝還不忘採茶製茶農民的辛苦。「安得知百萬億蒼生命，墮在巔崖受辛苦」，就算是自己喝了七碗茶後得道成仙，也不能忘了那些在山崖辛苦勞作的茶農們。正是因為他們的辛勤勞作，才有了那一碗碗茶的清香和甘甜。

　　盧仝一生愛茶成癖，亦有「茶癡」之號。他的一曲「茶歌」，自唐以來，歷經宋、元、明、清各代至今，傳唱千年不衰，幾乎成了人們吟唱茶的典故。詩人騷客嗜茶擅烹，每每與「盧仝」、「玉川子」相比。

　　盧仝在甘露之變被誤捕，遇害時，他正留宿在長安宰相兼領江南榷茶使王涯家中。據賈島〈哭盧仝〉：「平生四十年，唯著白布衣。」可知他死時年僅四十歲左右。另據清乾隆年間蕭應植等所撰《濟源縣志》載：在縣西北十二里武山頭有盧仝墓，山上還有盧仝當年汲水烹茶的玉川泉。盧仝自號「玉川子」，乃是取自泉名。

第六節　文成公主與茶

　　據《唐國史補》記載，唐德宗時，常魯公出使吐蕃。有一天，他在帳中煮茶，吐蕃贊普看到後問他：「此為何物？」魯公回答道：「解煩療渴，所謂茶也。」贊普說：「我此亦有。」然後，他

文成公主進藏時的情景

一葉知茶
茶文化簡史

命人擺出產於壽州、舒州、顧諸、荊門、昌明的許多種名茶,令常魯公驚歎。可見在西元八世紀的時候,喝茶在西藏的貴族階層裡已經是十分常見的了。

　　要說到茶葉傳入西藏,就不得不提到文成公主。文成公主原本是唐太宗的遠支宗室女,後遠嫁吐蕃(也就是現在的西藏),成為吐蕃贊普松贊干布的王后,被吐蕃人尊稱為甲木薩(藏語中「甲」的意思是漢,「木」的意思是女,「薩」的意思為神仙)。松贊干布迎娶文成公主後,中原與吐蕃之間關係極為友好,使臣和商人頻繁往來。文成公主來到西藏後,不僅帶來了中原文化以及佛教,還使得吐蕃與唐友好通商,商隊在絲綢之路平安通行。文成公主帶去西藏的嫁妝豐富,其中不僅有黃金,還有絲綢、瓷器、書籍、珠寶、樂器和醫書,傳說茶葉也在其中。而西藏人飲茶的風俗也是受文成公主的影響。

西藏寺院廚房中的酥油茶桶

第二章　法相初具的唐代茶

第七節　唐茶東渡

　　西藏人至今依然保持了獨特的茶風茶俗，最為有名的莫過於酥油茶。酥油茶不僅在西藏受到人們的喜愛，在喜馬拉雅山周邊的不丹、尼泊爾、印度等地區，人們也有飲用酥油茶的習俗。傳統的酥油茶製作原料主要有茶、酥油（也就是犛牛奶提煉出來的脂肪）、水以及鹽。到了現代，人們逐漸開始用黃油（奶牛奶提煉出的脂肪）來替代酥油，但酥油依舊是最地道的西藏酥油茶的原料。

　　酥油茶在西藏非常普遍和流行。西藏人在開始一天的工作之前，總會喝上一杯香濃可口的酥油茶，酥油茶也常常用作招待貴客。西藏地區的人們愛喝酥油茶還有一個很重要的原因，那就是西藏是一個高海拔地區，喝酥油茶能夠為人們提供足夠的熱量，還可以預防嘴唇乾裂。

　　按照西藏的傳統，酥油茶不可以一口喝完，一定要分幾口喝，而且為了表達主人的熱情，主人會在客人喝完之前一直添茶。那麼，如果不想喝的話怎麼辦呢？最好的辦法就是先不喝，直到要離開之前再把碗裡的酥油茶全部喝光。

第七節　唐茶東渡

　　唐代是古代中國文明的一個鼎盛時期，在社會經濟以及文化方面取得了光輝璀璨的成就。在這樣的背景下，茶葉隨著中外經濟文化交流首次向外傳播到了朝鮮半島和日本，並且落地生根。

　　唐王朝與當時朝鮮半島的新羅、百濟等王國往來比較頻繁，經濟和文化交流也十分密切。尤其是新羅，與唐朝通使往來達一百二十次以上，派遣學生和僧人到中國學習典章佛法。在這些中外交流使者的努力下，飲茶的習俗也逐漸影響了朝鮮半島。西元八二八年，新羅使節金大廉把茶籽帶回朝鮮半島，種在智異山下的雙溪寺，開始了朝鮮半島種植茶葉的歷史。最初飲茶只是在社會的上層階級以及僧人文士之間流傳，逐漸地，這股風氣影響了社會的各個階層，並最終促成

一葉知茶
茶文化簡史

了韓國本土茶葉的發展和飲茶之風的興起。

天台國清寺　　　　　　　　唐日僧最澄入唐牒

　　甚至還有新羅王國的貴族為了佛法而拋棄王族的身份，落髮為僧入唐求法，並研製茗茶的記載。據唐費冠卿〈九華山創建化城寺記〉記載，「唐開元末有金地藏者，新羅國王金氏近屬名喬覺……毅然拋棄王族生活，祝髮為僧。」金地藏入唐後在九華山修行佛法，並創立「金地佛茶」，其茶「在神光嶺之南，雲霧滋潤，茶味殊佳」。

　　與朝鮮半島相似，茶葉傳入日本也是經由民間的文化交流所成。唐代時期，中日之間的宗教交流十分密切，在中國學習佛經的日本僧人為數眾多，並且在回到日本以後還帶去了唐代的飲茶風俗。

　　唐朝，大批日本遣唐使來華，到中國各佛教勝地修行求學。當時中國的各佛教寺院，已形成「茶禪一味」的一套茶禮規範。這些遣唐使歸國時，不僅學習了佛家經典，也將中國的茶籽、茶的種植知識、煮泡技藝帶到了日本，使茶文化在日本發揚光大，並形成具有日本民族特色的藝術形式和精神內涵。

第二章　法相初具的唐代茶
第七節　唐茶東渡

西元七七七年，日本高僧永忠來唐，於二十年後歸國，掌管崇福寺和梵釋寺。他率先引入了唐代的寺院茶禮，成為了日本國的第一茶僧。據《日本書紀》記載，嵯峨天皇拜訪梵釋寺，「大僧都永忠手自煎茶奉御」，茶葉首次進入了日本貴族的視野。並且在兩個月以後，嵯峨天皇命京畿內地區及近江、播磨等國種植茶葉，創立「御茶園」，以備每年進貢所用。

與永忠一起從明州歸國的最澄在京都比睿山修建了延曆寺，建立了日本的天台宗。據《日本社神道祕記》記載，最澄從浙江帶回茶籽後在日吉神社旁種植茶樹，成為日本最早的茶園之一。

最澄像

在引入茶種的同時，最澄還透過與日本皇室的交往，將飲茶習俗傳入了日本上層階級，為之後日本茶文化的興起奠定了基礎。

最澄之前，天台山與天台宗僧人也多有赴日傳教者，如六次出海才得以東渡日本的唐代名僧鑒真等人，他們帶去的不僅是天台派的教義，而且有科學技術和生活習俗，飲茶之道無疑也是其中之一。

一葉知茶
茶文化簡史

第三章　繁榮興盛的宋代茶

　　宋代是中國歷史上茶文化高度發展並趨向精緻奢華的一個時期。這一時期，製茶工藝爐火純青，以龍團鳳餅為代表的貢茶製作達到了團餅茶製作工藝的頂峰；點茶技巧精湛絕倫，以鬥茶與分茶為代表的點茶技藝曠古爍今；飲茶人群空前廣泛，上至帝王將相、文人雅士，下至平民百姓、販夫走卒，無不好此；茶與藝術完美結合，茶書、茶詩、茶詞、茶畫數量眾多，品質上乘。

第一節　宋人的遊戲——鬥茶

　　說到宋朝人愛玩的遊戲，也許有人首先會想到蹴鞠、鬥雞、鬥草、鬥蟋蟀等，其實，在宋代還有一種風靡全國的與茶相關的遊戲，叫作「鬥茶」。

　　鬥茶又稱「鬥茗」、「茗戰」，最早出現於唐代，原是茶農新茶製成後，挑選貢茶、品評茶葉優劣的一項評比活動。到了宋時，鬥茶逐漸演化為一項既有茶葉品質的比拼，又有點茶技巧較量的比賽，因其程序豐富，挑戰性、趣味性、觀賞性俱佳，深受民眾喜愛。

　　那麼，這種古老的遊戲究竟要怎麼玩呢？首先，讓我們來了解一下宋人的飲茶方式。與唐代的煎茶法不同，宋人飲茶一般採用點茶法。所謂點茶，簡單來說就是將茶餅碾細成茶粉後，直接投入茶盞之中，然後沖入少許沸水，先調和成膏狀，接著分多次注水，同時用茶筅在盞中回環擊拂，使茶湯表面產生豐富的泡沫，飲用時連茶帶沫一起喝下。

第三章　繁榮興盛的宋代茶
第一節　宋人的遊戲—鬥茶

1．宋代點茶之碎茶

2．宋代點茶之碾茶

3．宋代點茶之磨茶

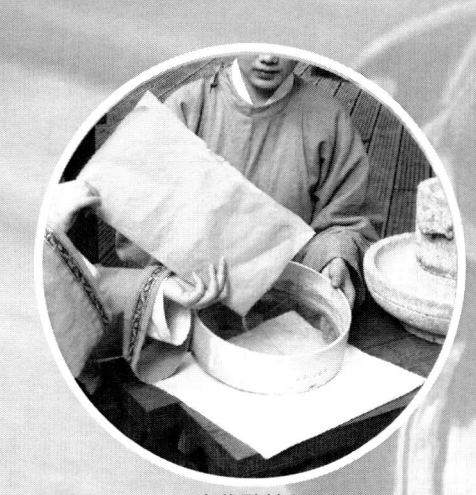

4．宋代點茶之過篩

一葉知茶
茶文化簡史

9・宋代點茶之成品

8・宋代點茶之擊拂

7・宋代點茶之注湯

5・宋代點茶之置茶

6・宋代點茶之調膏

45

第三章　繁榮興盛的宋代茶
第一節　宋人的遊戲—鬥茶

宋·佚名《鬥茶圖》（黑龍江博物館藏）

一葉知茶
茶文化簡史

　　那鬥茶「鬥」的又是什麼呢？概括起來主要是兩個方面：一鬥湯花，即茶湯表面泛起的泡沫。鬥茶時，看湯花的色澤和均勻程度，以湯花色澤鮮白、茶面細碎均勻為佳，青白、灰白和黃白次之；二鬥水痕，即看盞內沿與湯茶相接處有無水痕。以湯花保持時間較長，貼緊盞沿不退為勝，謂之「咬盞」。而以湯花渙散，先出現水痕為敗，謂之「雲腳亂」。鬥茶，多為兩人捉對「廝殺」，經常「三鬥二勝」，計算勝負的單位術語叫作「水」，說兩種茶葉的好壞為「相差幾水」。

元·趙孟頫《鬥茶圖》　　　　劉松年《茗園賭市圖》（臺北故宮博物院藏）

　　在宋代，鬥茶是常見的一種娛樂活動方式，山間茶園或加工作坊對新製的茶進行品嘗評鑑時要鬥茶，販茶、嗜茶者在市井茶肆、茶坊裡招攬生意時要鬥茶，王公貴族、文人雅士在閒話家常、彰顯品味時也要鬥茶，甚至連處在深山老林裡的佛門靜地也大興鬥茶之風。難怪清代揚州八怪之一的鄭板橋說：「從來名士能評水，自古高僧愛鬥茶。」

　　不僅如此，愛玩的宋代人還在鬥茶的基礎上衍生出了新的玩法，這便是分茶，又叫作「茶百戲」、「水丹青」、「湯戲」、「茶戲」。點茶高手們利用茶湯表面豐富細膩的泡沫，在茶湯上寫字作畫，形成變化多端、惟妙惟肖的山水吉祥圖紋，好看又好喝，與我們今天常見的咖啡「拉花」有點類似。南宋大詩人陸游在〈臨安春雨初霽〉中描繪的「矮紙斜行閒作草，晴窗細乳戲分茶」就有相關記載。

第三章　繁榮興盛的宋代茶
第二節　寫茶書的皇帝

隨著宋末政治局勢的動盪，再加上後期飲茶方式的逐漸改變，鬥茶這一風行兩宋的風雅遊戲最終消亡於歷史的長河之中，如今只能透過史料圖文來感受當時的茶風與茶趣。

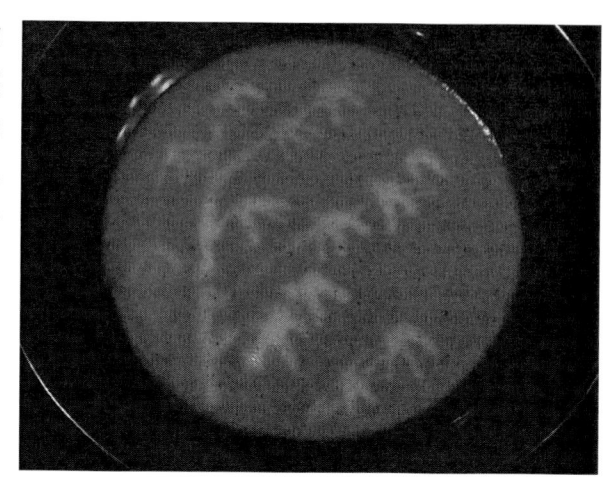

分茶

第二節　寫茶書的皇帝

在中國歷朝歷代的帝王中，喜歡喝茶的有很多，但是喝茶喝到一定水準，並親筆撰寫茶書的，古今中外只有一位，那就是宋徽宗趙佶。

說到宋徽宗，大家可能都不陌生，他是北宋的第八位皇帝，是靖康之亂被擄的二帝之一。在治國方面，他可以說是昏庸無能、一塌糊塗；但是在文學藝術方面卻有著很高的造詣，不但善於吟詩作詞，還寫得一手好書法「瘦金體」，畫得一手好畫。更加難得的是，這位九五之尊還是一位茶道高手，不僅自己嗜茶成癖，還常常在宮廷以茶宴請群臣，並多次親手為臣下點茶。蔡京所作〈太清樓侍宴記〉就有記「遂御西閣，親手調茶，分賜左右」。

宋徽宗趙佶像

48

一葉知茶
茶文化簡史

　　就是這樣一位風流的帝王,有一天突發奇想:「我要寫一本書,把我豐富的識茶、點茶、飲茶經驗好好總結整理一下,流傳後世。」於是,他把想法告訴了大臣們,但是很多人都不以為然,認為這只是皇帝的一時興起。可是,趙佶說做就做,開始全身心地投入到了茶書的寫作中,還邊寫邊考證,邊寫邊推敲,經過幾個月的努力,終於完成了《大觀茶論》一書。此書一出,大臣爭相傳閱,並對皇帝刮目相看。全書共分為緒言、地產、天時、採擇、蒸壓、製造、鑒別、白茶、羅碾、盞、筅、瓶、杓、水、點、味、香、色、藏焙、品名二十目,用不到三千字的篇幅,詳細切實的記述了北宋時期蒸青團茶的產地、採製、烹試、品質、鬥茶風俗,文字簡潔優美,特別是其中的〈點茶〉一篇,論述得十分深刻精彩,不僅為當時人們飲茶提供了很好的指導,也為今天人們研究宋代的茶文化、復原宋代團餅茶工藝留下了珍貴的文獻資料。

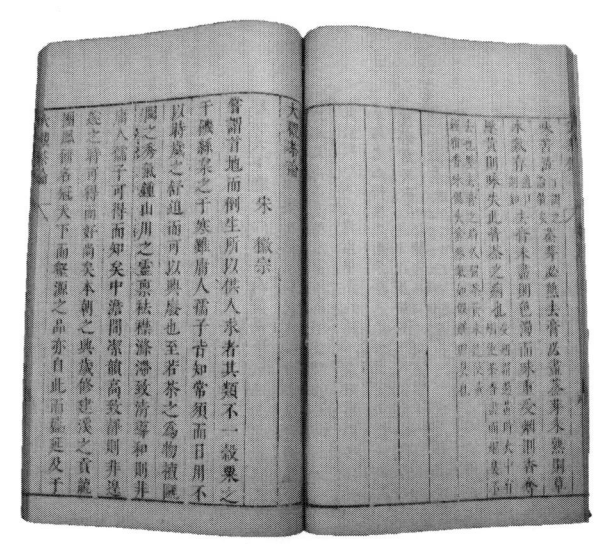

《大觀茶論》書影

　　不僅僅是茶書,這位愛茶的皇帝還為世人留下了一幅著名的茶畫——《文會圖》。畫中,作者用細膩的筆觸形象再現了當時文人雅士齊聚一堂,在庭院裡吟詩、品茶的場景。

第三章　繁榮興盛的宋代茶
第二節　寫茶書的皇帝

　　一位皇帝對茶道鑽研如此之精深，足可知其對茶的喜愛。可惜，縱使徽宗才高八斗，他畢竟是一國之君。元朝宰相脫脫撰《宋史·本紀·徽宗趙佶》曾歎曰：「宋徽宗諸事皆能，獨不能為君耳！」這位中國歷史上擁有最高權力的藝術家，最終以國破家亡、客死異鄉的結局收場，讓人唏噓。

《文會圖》（臺北故宮博物院藏）

一葉知茶
茶文化簡史

第三節　宋代的貢茶──龍團鳳餅

　　龍團鳳餅，初聞此名，不少人可能會把它當作一款精緻的糕點，而事實上，此「餅」非彼「餅」，它只能泡著喝，不能咬著吃，而且異常珍貴。在宋代，它是北苑貢茶的統稱，是皇家專享的御茶，不僅採用鮮嫩茶芽精心壓製而成，還在茶餅表面印有精美的龍鳳紋飾，有的甚至還有純金鏤刻的金花點綴，華美之極，從而被視為中國古代茶餅生產的最高成就，亦被稱為龍鳳團茶。

　　如此絕妙的貢茶究竟始於何時，又產於何地呢？相傳，在福建省北部的建安（今建甌），有鳳凰山形如翔鳳，龍山狀如龍蟠，與鳳凰山對峙。就在這神祕的北苑龍山與鳳凰山中，盛產好茶，但由於山川阻隔，在唐代並沒有十分出名。直至西元九七七年，宋太宗趙匡義遣使至北苑，監督製造一種皇家專用的茶，要求「取象於龍鳳，以別庶飲，由此入貢」、「龍鳳茶蓋始於此」。北苑也逐漸開始成為宋代貢茶產製中心。

　　龍團鳳餅真正開始名震天下，則是在「前丁後蔡」時期。「前丁」即丁謂，此人於西元九九八年前後為福建轉運使，負責監造貢茶，規定大龍團，八餅為一斤，並花大力氣專門精製四十餅敬獻，深得皇帝喜愛，被升為參政，封晉國公；「後蔡」指蔡襄，他於一○四三年任福建轉運使，改大龍團為小龍團，二十餅僅得一斤，無上精妙，號為珍品。仁

龍鳳團餅茶線描圖

51

第三章　繁榮興盛的宋代茶
第三節　宋代的貢茶—龍團鳳餅

宗皇帝十分喜愛，連宰相近臣都不輕易賞賜。當時的文學家歐陽脩在《歸田錄》中說道：「其品精絕，謂小團，凡二十餅重一斤，其價值金二兩，然金可有而茶不可得。」足見此茶之珍貴。此後，貢茶製作可謂層出不窮，精益求精。從宋神宗時的「密雲龍」團茶、宋哲宗年間的「瑞雲翔龍」團茶，再到宋徽宗朝的「龍團勝雪」，團茶製作到達了精緻與奢華的頂峰。

鳳凰山摩崖石刻（拓片）

那麼，這些珍貴異常的龍鳳團茶究竟是怎麼製作的呢？據宋代趙汝礪《北苑別錄》記載，基本過程可以分為採茶、揀茶、蒸茶、榨茶、研磨、造茶、過黃等多道程序。並且，從採摘到製成茶餅，每道工序都十分講究嚴格，要求「擇之必精，濯之必潔，蒸之必香，火之必良，一失其度，俱為茶病」。

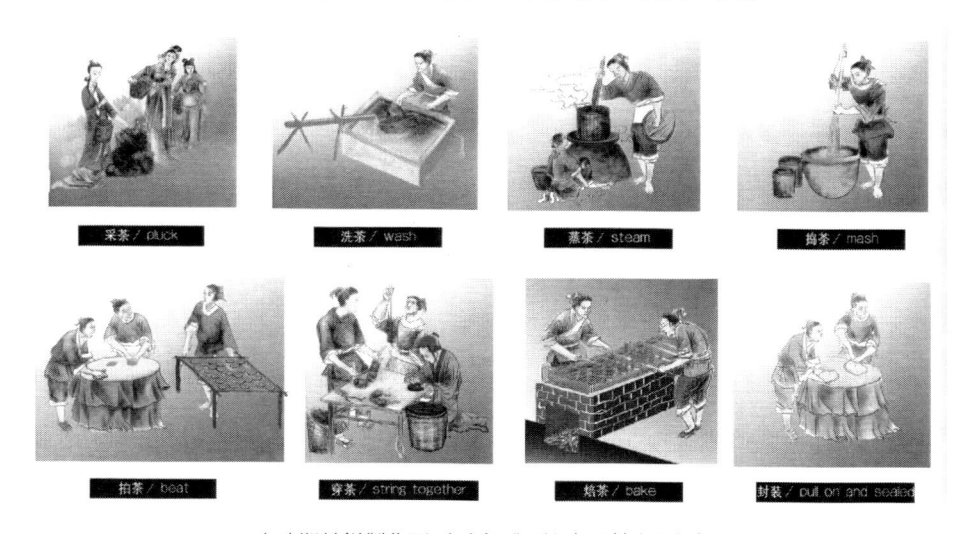

宋時期茶餅製作圖（引自《圖說中國茶文化》）

一葉知茶
茶文化簡史

採茶。北苑茶採製多在驚蟄前後，規定在天亮前太陽未升起時開始採茶，因夜露未乾時茶芽肥潤，製成之茶色澤鮮明。北苑鳳凰山上有打鼓亭，在採茶時節，每日五更（早上四點）擊鼓，集群夫於鳳凰山，監採官發給每人一牌，入山採茶，並規定一律用指尖採摘，以防茶芽受損，至上午八點鳴鑼召回採茶工，防止多採。據史載，鳳凰山採茶者日雇兩百五十人。

揀茶。採回的鮮葉有小芽、中芽、紫芽、白合、烏蒂之分，選出形如鷹爪的小芽用作製造「龍團勝雪」和「白茶」。製「龍團勝雪」的小芽要先蒸熟，浸入水中，剔出如針的單芽稱「水芽」。從品質來講，水芽最佳，小芽次之，中芽再次。紫芽、白合、烏蒂則均不用，一旦混入，茶餅表面將有斑駁，且色濁味重。

蒸茶。選用的茶芽經反覆水洗，置甑器中，待水沸後蒸之。蒸茶要適度，過熟則色黃而味淡，不熟則色青而易沉澱，且有青草味。

榨茶。將蒸熟的茶芽（稱茶黃）先淋水洗數次，促其冷卻，後用布包好置小榨床上榨去水分，再置大榨床上壓榨去膏（除去多餘的茶汁）。如果是水芽，要用高壓榨之。壓後取出搓揉，再壓榨（稱翻榨），反覆進行至壓不出茶汁為止。把茶汁榨盡，破壞茶中有效成分，這似乎是不符合常理，但鬥茶之茶以色白為上，茶味求清淡甘美，去盡汁可防止茶之味色重濁，正是鬥茶的需要。

研磨。將榨過的茶葉置陶盆中，用椎木研之。研之前先加水（鳳凰山上的泉水），加水研磨的次數越多，茶末就越細。貢茶第一綱「龍團勝雪」與「白茶」的研茶工序都是十六水，一般綱次貢茶的研茶工序是十二水。邊加水邊研，每次必至水乾茶熟後研之，茶不熟，茶餅面不勻，且沖泡後易沉澱。

造茶（又稱壓模）。將研磨後的茶放入模子中，壓成餅狀。模子有圓形、方形、稜形、花形、橢圓形等，上刻有龍鳳、花草各種圖紋。模子有銀模、銅模，圈有銀圈、銅圈、竹圈，一般有龍鳳紋的用銀圈、銅圈，其他用竹圈。壓好後的團餅茶取出放置於竹席上，稍乾後進行烘焙。

過黃（又稱焙茶）。先在烈火上焙之，再過沸水浴之，反覆三次後，進行文火（燒柴）煙焙數日至乾，火不宜大，也不宜煙。煙焙日數依茶餅的厚薄而定，

第三章　繁榮興盛的宋代茶
第三節　宋代的貢茶—龍團鳳餅

厚的十至十五日，薄的六至八日。茶餅足乾後，用熱水在表面刷一下，之後放進密室用扇子扇之，使其有光澤，這叫作過湯出色。

　　如此精工細作的貢茶，在當時到底價值幾何呢？歐陽脩曾記載宋仁宗時「小龍鳳團」茶餅的價格，是每片黃金二兩，且一餅難求；而宋徽宗時期的「新龍團勝雪」市價，大約為每片銅錢四十貫，相當於黃金四兩。無怪乎，當時有「皇帝一盅茶，丞相一年糧」之說。

　　龍鳳團茶的製作過於精細，需要耗費巨大的人力物力，隨著宋朝的衰敗，龍鳳團茶逐漸走向末路。北方游牧民族出身的元代統治者不喜歡這種過於精細委婉的茶文化，一般的士大夫和平民百姓又沒有能力和時間品賞。及至一三九一年，草莽出身的朱元璋下詔罷造龍團，唯採芽茶以進，這龍團鳳餅遂成絕唱！

一葉知茶
茶文化簡史

第四節　點茶神器——黑釉盞

俗話說「器為茶之父」，在茶風大熾的宋代，人們用來喝茶的器具也極為講究。眾所周知，宋代製瓷業發達，有著赫赫有名的「汝、官、哥、鈞、定」五大名窯；但是「飲茶成精」的宋人，並不推崇這些名窯茶器，而是對當時名不見經傳的建窯出產的黑釉茶盞青睞有加，從而使建窯黑釉盞一躍成為宋代最具代表性的茶具之一。那麼，這建窯黑釉盞到底有什麼獨到之處呢？接下來就讓我們一起去探究一下。

建窯位於福建省建陽市水吉鎮，考古資料表明，早在唐代中晚期，建窯已開始燒造瓷器，兩宋時期，特別是北宋中期至南宋中期，是建窯的鼎盛時期，以生產變幻莫測、絢麗多彩的窯變黑釉盞而聞名。建窯黑瓷由於含鐵量較高，胎體截面呈灰黑或黑褐，胎骨堅硬厚實，含砂粒較多，叩之有金屬聲，俗稱「鐵胎」。

建窯黑釉盞的流行，與宋人的鬥茶風尚有著直接的關係。宋代飲茶、製茶大師蔡襄在其著作《茶錄》中曾說道：「茶色白，宜黑盞。建安所造者紺黑，紋如兔毫，其坯微厚，熁之久熱難冷，最為要用。出它處者，或薄或色紫，皆不及也。其青白盞，鬥試家自不用。」這一席話不僅點出了建盞的功用，更是為它打響了知名度。一時間，好茶的王公貴族、文人雅士們對此種茶盞推崇備至，爭相購買，不僅促進建窯生產規模的不斷擴大，同時使得其製作工藝不斷精進，底足銘有「供御」、「進盞」的建盞還一度作為貢品進貢宮廷。

宋徽宗《十八學士圖卷》（局部）几上及侍者手中持黑漆茶托上置兔毫黑釉盞（臺北故宮博物院藏）

第三章　繁榮興盛的宋代茶

第四節　點茶神器—黑釉盞

從實用性上看，建盞不愧為「點茶神器」，其諸多細節可以說是為鬥茶量身打造：口大足小底深的「V」字形外觀設計，方便茶筅環回擊拂，以達「茶直立易於取乳」的目的；深黑釉色的選用則顯湯花之白，水痕易驗；厚重的胎體則使茶不易冷，「發立耐久」，就連口延的圈狀凹陷都有著防止茶湯外溢，充當注湯尺規的作用。可以這麼說，在宋代的鬥茶場上，建窯黑釉盞是彰顯選手專業性的一項基本裝備。

從藝術欣賞的角度看，建盞由於其獨特的釉料配方，在燒製過程中會產生渾然天成、自然靈動的紋飾，根據花色大致可分為兔毫盞、油滴盞、鷓鴣斑盞和曜變盞四種。其中，兔毫盞是在黑色的釉層中由於不同釉料在燒製時緩慢流淌，在黑色釉面上透出尖細的棕黃色或鐵銹色條紋，狀如兔毫。油滴盞則是釉裡的花紋為斑點狀，小的如群星密布，大的如珠璣滿盤，釉面表層看去猶如油滴懸浮，故而得名。鷓鴣斑盞的黑色釉面上分布有大小不均的白色圓形斑點，黑白分明，宛若鷓鴣鳥的羽毛斑點。曜變盞又叫作「曜變天目」，則是極為罕見而又難以燒得的珍品，其釉中一次高溫燒成的曜斑，在光照之下會折射出暈狀光斑，似真似幻，令人驚豔。目前，曜變盞存世僅三件，分別收藏於日本東京靜嘉堂文庫美術

宋建窯黑釉兔毫盞

宋建窯油滴盞

一葉知茶
茶文化簡史

館、大德寺龍光院和大阪的藤田美術館,其中尤以靜嘉堂文庫美術館的曜變建盞為佳,被譽為「天下第一」珍品。

建盞質樸簡約、師法自然的獨特藝術魅力,與宋代文人士大夫追求自我、適意人生的生活哲學,以及不加修飾、回歸本真的審美情趣的不謀而合,從而產生了大量詠讚建盞茶詩、茶詞。如蘇軾〈送南屏謙師〉:「道人曉

宋建窯黑釉曜變茶盞（日本靜嘉堂文庫美術館藏）

出南屏山,來試點茶三昧手。忽驚午盞兔毫斑,打作春甕鵝兒酒。」宋徽宗〈宮詞〉:「上春精擇建溪芽,攜向芸窗力鬥茶。點處未容分品格,捧甌相近比瓊花。」黃庭堅〈滿庭芳〉:「纖纖捧,研膏淺乳,金縷鷓鴣斑。」可以說,建盞已從一個單純的飲茶器皿,上升到可以代表一個時代文化審美精髓的一個文化之器。

俗話說:「成也蕭何,敗也蕭何。」當狂熱的鬥茶風潮逐漸退去,因鬥茶而盛的黑釉盞也逐漸敗落;至元初,輝煌一時的建窯便湮沒在了秀麗的閩北山林之中。

第三章　繁榮興盛的宋代茶

第五節　宋代文人與茶

第五節　宋代文人與茶

　　文士品茗在宋代是十分普遍的現象。宋代第一流的文士，如蔡襄、范仲淹、歐陽脩、王安石、梅堯臣、蘇軾、蘇轍、黃庭堅、陸游等，都十分愛茶，並寫下了大量品茶詩文。對於他們來說，茶不僅是一種品格高尚的飲料，飲茶更是一種精神享受、一種修身養性的手段，是一種具有藝術氛圍的境界。

佚名《著色人物圖》（臺北故宮博物院藏）

一葉知茶
茶文化簡史

歐陽脩

歐陽脩，字永叔，號醉翁，晚號六一居士，北宋政治家、文學家，是唐宋八大家之一。

宋代茶風盛行，達官貴人、文人雅士無不講究品茶之道，歐陽脩也不例外。歐陽脩精通茶道，並留下了很多詠茶的詩文，著有論茶水的專文〈大明水記〉，為蔡襄的《茶錄》作了後序，在其著作《歸田錄》中也有不少涉及茶事的內容。

歐陽脩很喜歡北宋詩人黃庭堅家鄉的雙井茶，並作有〈雙井茶〉詩一首。他先是誇讚了雙井茶的絕佳品質，「雙井芽生先百草」、「十斤茶養一兩芽」、「長安富貴五侯家，一啜猶須三日誇」；後幾句，他又從茶的品格聯想到世態人情，批判了「爭新棄舊」的世俗之徒。在〈和原父揚州六題・時會堂二首〉一詩中，歐陽脩還詠讚過揚州茶，並親自去查看揚州茶的萌發情況。

歐陽脩像

據說，歐陽脩經常與好友梅堯臣一起品茗賦詩，交流感受。一次在品嘗建安新茶後，他隨即創作〈嘗新茶呈聖諭〉一首與好友分享：「建安三千五百里，京師三月嘗新茶。年窮臘盡春欲動，蟄雷未起驅龍蛇。夜聞擊鼓滿山谷，千人助叫聲喊呀。萬木寒凝睡不醒，唯有此樹先萌發。」詩中既突出了建安茶的早與新，又形象地再現了建州茶鄉「擊鼓喊山」的獨特風俗。「泉甘器潔天色好，坐中揀擇客亦嘉」、「停匙側盞試水路，拭目向空看乳花」後半部分，詩人還表明了自己對於品茶的心得體會，水甘、器潔、天氣好、投緣的茶客以及上好的新茶，才可達到品茶的高境界。難怪梅堯臣在回應歐陽脩的詩中稱讚他對茶品的鑒賞力：「歐陽翰林最識別，品第高下無欹斜。」

第三章　繁榮興盛的宋代茶
第五節　宋代文人與茶

後來，歐陽脩受范仲淹的牽連，被貶夷陵（今湖北省宜昌市）做縣令，其在〈夷陵縣至喜堂記〉一文中寫道：「夷陵風俗樸野，少盜爭，而今之日食有稻與魚，又有橘、柚、茶、筍四時之味，江山秀美而邑居繕完，無不可愛。」足見他對茶的喜愛。

歐陽脩一生，仕途前後四十一年，起起伏伏，但其操守始終如一。正如他晚年詩云：「吾年向老世味薄，所好未衰唯飲茶。」當看盡人世滄桑之後，唯獨對茶的喜好未曾稍減。

蔡襄

蔡襄，字君謨，北宋著名書法家、政治家、茶學家。

蔡襄任福建路轉運使時，積極改造北苑貢茶，在外形上改大團茶為小團茶，品質上採用鮮嫩茶芽作原料，並改進製作工藝，把北苑貢茶的製作水準提高到了一個全新的高度，所以《苕溪漁隱叢話》說北苑茶大小龍團「起於丁謂，而成於蔡君謨」。不僅如此，期間，他還著《茶錄》一書，此書雖僅千言，但是字字珠璣。全書分兩篇，上篇論茶，下篇論茶器，在「茶論」中，對茶的色、香、味，以及藏茶、炙茶、碾茶、羅茶、候湯、熁盞、點茶進行了精到而簡潔的論述；在〈論器〉中，對製茶用器和烹茶用具的選擇使用，均有獨到的見解。

蔡襄像

話說蔡襄還十分喜愛鬥茶。宋人江休復在《嘉祐雜志》中記有蔡襄與蘇舜元鬥茶的一段故事：蔡所鬥試的茶精，水選用的是天下第二泉──惠山泉；蘇所取茶劣於蔡，卻是選用了竹瀝水煎茶，結果蘇舜元勝了蔡襄。還有一則蔡襄神鑒建

一葉知茶
茶文化簡史

安名茶石岩白的故事,也一直被茶界傳為美談。彭乘《墨客揮犀》記:「建安能仁院有茶生石縫間,寺僧採造,得茶八餅,號石岩白,以四餅遺君謨,以四餅密遣人走京師,遺內翰禹玉。歲餘,君謨被召還闕,訪禹玉。禹玉命子弟於茶筍中選取茶之精品者,碾待君謨。君謨捧甌未嘗,輒曰:『此茶極似能仁石岩白,公何從得之?』禹玉未信,索茶貼驗之,乃服。」由此可見,蔡襄的茶葉鑑別能力也十分了得。

作為書法家,蔡襄每次揮毫作書必以茶為伴。歐陽脩深知君謨嗜茶愛茶,在請君謨為他書《集古錄目序》刻石時,以大小龍團及惠山泉水作為「潤筆」。君謨得而大為喜悅,笑稱是「太清而不俗」。蔡襄年老因病忌茶時,仍「烹而玩之」,茶不離手。老病中,他萬事皆忘,惟有茶不能忘,正所謂「衰病萬緣皆絕慮,甘香一事未忘情」。

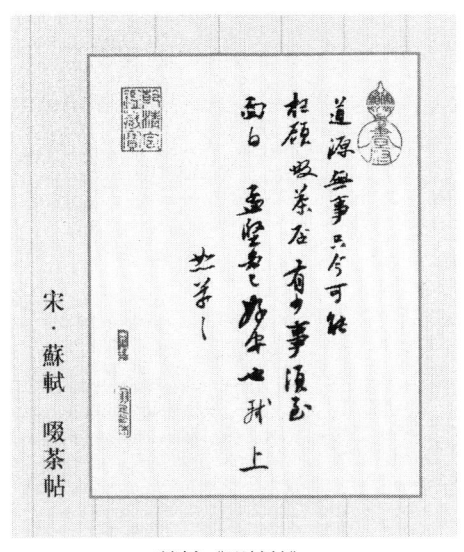

蘇軾《啜茶帖》

蘇軾

蘇軾,字子瞻,號東坡居士,中國宋代著名文學家、書法家、畫家。

蘇軾嗜茶,不僅品茶、烹茶、種茶樣樣在行,而且對茶史、茶功頗有研究。

他一生共作有茶詩八十五首、茶詞十一首,可謂成果豐碩。「戲作小詩君勿笑,從來佳茗似佳人」、「何須魏帝一丸藥,且盡盧仝七碗茶」,這些耳熟能詳的詠茶佳句均出自他之手。

長期的地方官和貶謫生活,蘇軾足跡遍及各地,從峨眉之巔到錢塘之濱,從宋遼邊境到嶺南、海南,為他品嘗各地的名茶提供了機會,白雲茶、紫筍茶、日鑄茶、建溪茶、焦坑茶、月兔茶、雙井茶、桃花茶等諸多名茶都品過並留下筆

第三章　繁榮興盛的宋代茶
第五節　宋代文人與茶

墨,就如他在〈和錢安道寄惠建茶〉詩中所說:「我官於南今幾時,嘗盡溪茶與山茗。」

　　好茶還需好水烹,蘇軾對於烹茶也十分精到。蘇軾在杭州任通判時,為烹得好茶,他以詩向當時的無錫知州焦千之索惠山泉水,「精品厭凡泉,願子致一斛」;為取得好水,他還不辭辛勞,親赴釣石邊(不是在泥土旁)從深處汲來,並用活火(有焰方熾的炭火)煮沸,「活水還須活火烹,自臨釣石取深清」; 對於宋人普遍認為最難的候湯(即煮水)環節,他也掌握得爐火純青,「蟹眼已過魚眼生,颼颼欲作松風鳴。蒙茸出磨細珠落,眩轉繞甌飛雪輕」。水為茶之母,器為茶之父,蘇東坡對烹茶用具也很講究,他認為「銅腥鐵澀不宜泉」,而最好用石燒水。據說,東坡謫居宜興時,還親自設計了一種提梁式紫砂壺,並題詞「松風竹爐,提壺相呼」。後人為了紀念他,把這種壺式命名為「東坡壺」。

　　除了茶詩、茶詞外,歷史上流傳的與蘇東坡相關的茶事典故也很多,其中「茶墨俱香」就是廣為流傳的一

「蓮生」款紫砂東坡提梁壺
(中國茶葉博物館館藏)

則。話說蘇東坡與司馬光等一批文人墨客鬥茶取樂,蘇東坡的白茶取勝,免不了洋洋得意。當時茶湯尚白,司馬光便有意難為他說:「茶欲白,墨欲黑;茶欲重,墨欲輕;茶欲新,墨欲陳;君何以同時愛此二物?」蘇東坡想了想,從容回答道:「奇茶妙墨俱香,公以為然否?」司馬光問得妙,蘇東坡答得巧,眾皆稱善。

　　一代文豪蘇東坡,誠如他的第一長篇〈寄周安孺茶〉中所表現的借茶抒懷、以茶寄情,在茶文化史上留下了濃墨重彩的一筆。

一葉知茶
茶文化簡史

陸游

陸游，字務觀，號放翁。南宋愛國詩人，也是一位嗜茶詩人。他出生於茶鄉，當過茶官，晚年又歸隱茶鄉，一生共寫茶詩三百九十七首、茶詞六首，為歷代文人之冠。

陸游一生仕途坎坷，輾轉多地，這使他有機會遍嘗各地名茶，並裁剪熔鑄入詩，「飯囊酒甕紛紛是，誰賞蒙山紫筍香」、「焚香細讀斜川集，候火親烹顧渚春」等。在諸多名茶中，詩人最愛的還是家鄉紹興的日鑄茶。據說他常年隨身攜帶一小袋日鑄茶，不遇到名泉好水，不輕易拿出來品飲，美其名曰「囊中日鑄傳天下，不是名泉不合嘗」，足見詩人對此茶的珍愛。

陸游不僅愛喝茶，還諳熟烹茶之道，一再在詩中自述，「歸來何事添幽致，小灶燈前自煮茶」、「山童亦睡熟，汲水自煎茗」、「名泉不負吾兒意，一掬丁坑手自煎」、「雪液清甘漲井泉，自攜茶灶就烹煎」，甚至對於當時流行的高技巧的分茶遊戲，

陸游像

他也駕輕就熟，「矮低斜行閑作草，晴窗細乳戲分茶」。

陸游一生筆耕不輟，茶無疑是他生活和創作的最佳伴侶，「手碾新茶破睡昏」、「毫盞雪濤驅滯思」、「詩情森欲動，茶鼎煎正熟」、「香浮鼻觀煎茶熟，喜動眉間煉句成」，一邊煮泉品茗，一邊奮筆吟詠，可以想像有多少名言佳句在茶香氤氳中誕生。到了晚年，他還感慨道：「眼明身健何妨老，飯白茶甘不覺貧。」可謂是對茶鍾愛一生。

第三章　繁榮興盛的宋代茶

第六節　徑山茶宴與日本茶道

第六節　徑山茶宴與日本茶道

　　茶道，作為日本傳統文化的傑出代表之一，如今已曉諭世界。但細心的人們可能會發現，當代日本茶道主流中的抹茶道無論其手法及器具都與中國宋代的點茶十分相似。沒錯，宋時迎來了茶文化對日傳播的又一高峰，對於日本茶道的形成與發展影響深遠。而在這一輪漫長而複雜的傳播過程中，徑山寺及徑山茶宴可謂是功不可沒。

　　徑山寺位於浙江省杭州市郊的餘杭徑山，最早由法欽禪師創建於唐天寶年間，屬臨濟宗，發展到宋代，已位居「江南禪林之冠」，尤其是南宋嘉定年間，宋寧宗封徑山寺為五山十刹之首，其影響力更是到達頂峰，甚至影響海外，成為了彼時日僧渡海求禪的聖地。

　　徑山歷來產佳茗，相傳法欽曾「手植茶樹數株，採以供佛，逾手蔓延山谷，其味鮮芳特異」。後世僧人也常以本寺香茗待客，久而久之，便形成一套行茶的禮儀，後人稱之為「茶宴」。到了宋代，徑山茶宴已

日本茶道圖

徑山古道及碑石

徑山寺外景

發展得較為完善，不僅系統結合了禪門清規和茶會禮儀，還完美體現了禪與茶的意蘊，成為當時佛門茶會的典範。據說，徑山茶宴包括了張茶榜、擊茶鼓、恭請入堂、上香禮佛、煎湯點茶、行盞分茶、說偈吃茶、謝茶退堂等十多道儀式程序，每一道程序又都有步驟和分工上的嚴格規定，賓主或師徒之間一般用「參話頭」的形式問答交談，機鋒偈語，慧光靈現，所用的茶器具也都是專門訂製的，整個場面莊嚴有序而又禪意深藏，難怪連南宋朝廷也甚為重視，多次在徑山寺舉辦茶宴來招待貴賓。

　　西元一二三五年，日僧圓爾辨圓入宋求法，從徑山寺無準禪師習禪，一待便是五年。期間，他不僅全身心地吸收領會中國禪法、儒學，對於徑山寺的禪院生活文化也不遺餘力地觀察、學習，學會了種茶、製茶，觀察體驗了徑山茶宴的形制與組織。西元一二四一年，圓爾辨圓學成歸國，除了佛學、儒學經典外，他還帶回了徑山茶的種子，並將其栽種在自己的故鄉靜岡縣，並按徑山茶的製法生產出頂級的日本抹茶，被稱為「本山茶」，奠定了日後靜岡縣作為日本最大的茶葉生產地的基礎。他還仿效徑山茶宴的儀式，制訂了東福寺茶禮，開啟了日本禪院茶禮的先河並傳承至今。

第三章　繁榮興盛的宋代茶
第七節　榷茶制度與茶馬古道

徑山寺內的圓爾辨圓像　　　　　　南浦紹明德像

　　繼圓爾辨圓後，西元一二九五年，日僧南浦昭明來宋學習，住徑山寺長達五年之久，一邊勤研佛學，一邊認真學習徑山茶的栽、製技術和寺院茶宴儀式。一二六七年，南浦昭明辭山歸國，帶回了七部茶典，以及徑山茶宴用的茶架子和茶道器具多種，進一步在日傳播徑山寺的點茶法和茶宴禮儀，從而使宋代禪院茶禮更加完整地傳入日本，也推動了禪院茶禮在日本社會的流行。後來的村田珠光正是在這套點茶法的基礎上，整理出一套完整的日本茶道點茶法。可見，徑山茶宴與日本的茶道有著直接的聯繫。

第七節　榷茶制度與茶馬古道

　　在商品經濟發達的今天，茶葉與其他商品一樣，買賣十分地自由及便捷，再加上有了電子商務平台，茶農可以輕鬆地把茶葉賣到世界各地；但在古代，茶

一葉知茶
茶文化簡史

葉從業者們就沒那麼幸運了。古時茶葉的經營權往往牢牢地掌控在統治階級手中：茶農不得私賣茶葉；商人販茶需憑「茶引」（茶引相當於官府發放的茶葉運銷執照，需繳稅後才能取得）；茶葉的銷處、銷量、銷期等也都有嚴格的規定。類似這種由統治階級壟斷茶葉行銷的制度，就是榷茶制度。

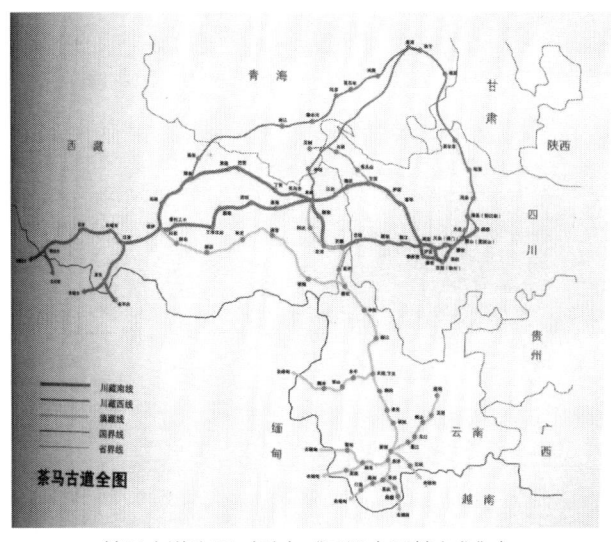

茶馬古道全圖（引自《圖說中國茶文化》）

榷，本義為獨木橋，引申為專利、專賣、壟斷的意思。有關茶葉專營專賣的榷茶制，最早提出於唐代，但作為一種比較固定的制度始行於宋。宋代是中國歷史上著名的「積貧積弱」的時期，與契丹（遼）、西夏（党項）、女真（金）之間的戰火不斷，財政困難與戰馬短缺是困擾大宋皇室的兩大難題。然而，對於茶葉這一作物的掌控，可以同時有效地解決這兩大難題，因此榷茶製備受重視。據史料記載，茶課是宋代國家財政的重要來源，如高宗末年，國家財政收入為五千九百四十餘萬貫，茶利占 6.4%；孝宗時，國家財政收入為六千五百三十餘萬貫，茶利占 12%。由此可見茶課之豐厚。另一方面，由於「夷人不可一日無茶以生」，茶成了治邊易馬的必需物資，在北宋熙寧年間，朝廷在四川設立「茶馬司」，專門負責茶馬交易，嚴禁私販。所以說，在當時，茶的政治屬性已遠遠

第三章　繁榮興盛的宋代茶
第七節　榷茶制度與茶馬古道

超過其商品屬性。

　　說到茶馬交易，就不得不提茶馬古道，這是一條與絲綢之路齊名的神祕古道，它因茶馬交換而形成，蜿蜒分布在中國西南邊陲的高山峽谷中，成為中國西南民族經濟文化交流的走廊。

　　歷史上的茶馬古道並不只一條，而是一個龐大的交通網路。它是以川藏道、滇藏道與青藏道（甘青道）三條大道為主線，輔以眾多的支線、附線構成的道路系統，地跨川、滇、青、藏，向外延伸至南亞、西亞、中亞和東南亞，遠達歐洲。三條大道中，又以川藏道開通最早，運輸量最大。

　　茶馬古道的起源，最早可以追溯到隋唐時期。居住在青藏高原上的藏族民眾，為了抵禦高寒缺氧的惡劣環境，常年以糌粑、奶類、酥油、牛羊肉等高脂肪、高熱量的食物為食。燥熱的食物與過多的脂肪在人體內堆積，無法分解，常常會消化不良而得病。而茶葉既能夠分解脂肪，又能防止燥熱，同時富含維生素與礦物質，能大大改善缺少蔬菜水果造成的營養不良，故而藏民在長期的生活中養成了喝茶的習慣，但藏區偏偏不產茶；而在中原，每年軍隊征戰、防禦外敵都需要大量的騾馬，但總是供不應求，恰好藏區盛產良馬。於是，具有互補性的茶和馬的交易即茶馬互市便應運而生。這樣，藏區等地出產的騾馬、毛皮、藥材等和內地出產的茶葉、布匹和日用器皿等，在橫斷

唐代茶馬古道遺址

四川名山古茶馬司遺址

一葉知茶
茶文化簡史

山區的高山深谷間南來北往，流動不息，並隨著社會經濟的發展而日趨繁榮，形成一條延續至今的茶馬古道。

運輸茶葉的旅途十分辛苦，當時的茶葉除少數靠騾馬馱運外，大部分靠人力搬運，稱為「背背子」。行程按輕重而定，輕者日行四十里，重者日行二至三十里。途中暫息，背子不卸肩，用丁字形杵拐支撐背子歇氣。杵頭為鐵製，每杵必放在硬石塊上，天長日久，石上留下的窩痕至今猶清晰可見。從康定到拉薩，一路跋山涉水，有時還要攀登陡削的岩壁，兩馬相逢，進退無路，只得雙方協商作價，將瘦弱馬匹丟入懸岩之下，而讓對方馬匹通過。要涉過洶湧咆哮的河流和巍峨的雪峰，長途運輸，風雨侵襲，騾馬馱牛，以草為飼，馱隊均需自備武裝自衛，攜帶幕帳隨行。

日復一日，年復一年，歷經歲月滄桑近千年，辛勤的馬幫商人在茶馬交易的漫長歲月裡，用自己的雙腳踏出了崎嶇綿延的茶馬古道，同時開闢了一條民族經濟往來和文化交流之路。

茶馬古道上的馬幫

茶馬古道上的背茶人

第四章　承上啟下的元代茶
第七節　榷茶制度與茶馬古道

第四章　承上啟下的元代茶

　　元朝是由蒙古族建立的政權，習慣於馬背上生活的蒙古族人在建國之初基本上延續了本民族的習俗，以飲酒為主。後來為了便於統治，元朝政府也不得不接受了儒家文化，中原的文化習俗或多或少地影響了元人的生活，飲茶即是一例。從眾多元墓壁畫中，發現不少有關茶事的內容，如山西省大同市馮道真墓壁畫中有《童子侍茶圖》的內容，山西省文水縣北峪口元墓壁畫有《進茶圖》。此外，西安市東部元墓壁畫中也有進茶圖的描繪，內蒙古自治區赤峰市元寶山一、二號墓有《備茶圖》、《進茶圖》的內容。可見，至少在貴族的生活中，飲茶被視為一種時尚，而又因茶特別有助於消食解膩，從而被以牛羊肉為主食的游牧民族所喜愛，元代人的飲茶生活可見一斑。

內蒙古自治區赤峰市敖漢旗四家子鎮羊山出土的遼墓壁畫《備茶圖》

　　茶可止渴、消食，適合以肉食為主的蒙古人飲用。蒙古在唐時就已茶馬互市，早就有飲茶嗜好，入主中原建立元朝，愛茶更甚，但飲茶方式與中原有很大的不同，喜愛在茶中加入酥油及其他特殊佐料的調味茶，如炒茶、蘭膏、酥簽等茶飲。

一葉知茶
茶文化簡史

據元代馬端臨《文獻通考》和其他相關文史資料記載，元代名茶計有四十餘種，如頭金、綠英、早春、龍井茶、武夷茶、陽羨茶等。

元墓壁畫中也有許多表現飲茶的場景。如元寶山二號元墓壁畫中的《備茶圖》，圖中央有一長桌，其上有碗、茶盞、雙耳瓶、小罐；桌前有一女人，側跪，左手持棒撥動炭火，右手執壺；桌後立三人，右側一女子，右手托一茶盞，中間一男侍雙手執壺向左側女子手中的碗內注水，左側的女子左手端一大碗，右手持一雙箸攪拌，此圖表現了一套完整的茶具及點茶過程。在元寶山一號墓的《備茶圖》中有一位手持研杵擂缽正在研茶末的男僕，北峪口墓壁畫中也有女侍持碗用杵研茶末的描繪，這些都說明元代前期已流行散茶，只是這些茶在飲用之前大多要研成茶末，這也是唐、宋飲茶法的遺風。

元代馮道真墓壁畫 備茶圖

另外從當時的許多文字記載來看，元代的產茶區域也不亞於宋代。元代在福建武夷一帶設御茶苑，專門加工貢茶，各地生產的名茶也委派當地官員監督上貢，可見統治者以及上層社會對茶的需求。

那麼，元人喝的茶與宋代茶有什麼區別呢？元代可以說是處於從唐宋的團餅茶為主向明清的散茶瀹泡法的過渡階段，兩種飲茶法都存在，但散茶沖泡已開始興起。從這些元墓壁畫中，我們可以發現茶壺、茶碗、盞托、儲茶罐等茶具。

元曲是元代文學的代表，詠茶的元曲（俗稱茶曲）是這一時期的創作。元代

第四章　承上啟下的元代茶
第七節　榷茶制度與茶馬古道

雜劇大都反映民間社會生活，其中不乏飲茶的描述，「早起開門七件事，柴米油鹽醬醋茶」更是家喻戶曉的名句，可見當時飲茶的普遍及生活化。

元代，未經文化洗禮的異族文士，秉性樸實無華，不耐精雅繁縟，崇尚自然簡樸，品茶轉飲葉茶，唐宋流傳的團餅茶逐漸式微，芽葉茶轉為主流，飲茶方法由精緻華麗回歸自然簡樸，只是此時芽葉茶（散茶）大多碾成末茶瀹飲，這又是宋代點茶法的遺風。

一葉知茶
茶文化簡史

第五章　返樸歸真的明代茶

　　明代是中國茶文化史上繼往開來、迅猛發展的重要歷史時期，當時的文人雅士繼承了唐宋以來人們重視飲茶的傳統，並推崇清茶淡飲的生活方式，推動了新型散茶製作的發展，在社會上形成了飲茶品茶的風尚，確立了茶在文人心目中的崇高地位。宋代時流行的鬥茶在明代消失了，團餅茶為散形葉茶所代替，碾末而飲的唐煮宋點飲法變成了以沸水沖泡葉茶的瀹飲法，品飲藝術發生了深刻的變化，也開啟了中國茶類百花齊放的時代。

第一節　「廢團改散」的朱元璋

　　散茶的製作並不是從明代才開始的，從元代王禎《農書》上可以了解到，早在宋元時期，條形散茶的生產和品飲就已在民間流行。但散茶一直不被主流飲茶人群所接受，尤其是文人士大夫和上層貴族，認為散茶只是粗鄙的鄉人飲用的茶葉。那麼，散茶是如何逆襲，最終成為了主流的呢？

　　明洪武二十四年（一三九一年），明太祖朱元璋下詔廢團茶，

朱元璋像

第五章　返樸歸真的明代茶
第一節　「廢團改散」的朱元璋

改貢葉茶（散茶）。朱元璋是明朝的開國皇帝，他是貧窮人家出身，對民間的疾苦深有體會。明朝建立以後，朱元璋體恤民眾，廢除了原先團餅茶的製作，改為製作芽茶，也就是現在的散茶，省去了許多繁瑣的工序。同時，自宋代以來，茶餅的製作越來越偏向於添加香料，反覆壓榨，漸漸地失去了茶本來的味道。改散茶之後，茶味純真，泡茶方式也十分簡便，受到了不同階層人群的歡迎，連原先推崇團餅茶的文人士大夫也很快接受了新的飲茶方式。

後人對朱元璋的「廢團改散」政令評價甚高：「上以重勞民力，罷造龍團，唯採芽茶以進……按，茶加香物，搗為細餅，已失真味……今人惟取初萌之精者，汲泉置鼎，一瀹便啜，遂開千古茗飲之宗。」但是為了供應周邊的少數民族，還是保留了一部分團餅茶的製作，並且逐漸發展成為現在的緊壓茶。於是，飲茶方式發生了劃時代的變化，唐煮宋點成為歷史，取而代之的是沸水沖泡葉茶的泡飲法。明人認為，這種飲法「簡便異常，天趣悉備，可謂盡茶之真味矣」。清正、襲人的茶香，甘冽、釅醇的茶味，以及清澈的茶湯，讓人更能領略茶天然之色香味。

明萬曆青花提梁壺

一葉知茶
茶文化簡史

　　明代散茶的興起，引起沖泡法的改變，也帶動了茶具的變革。唐宋時期的茶具已不再適用，出現了便於沖泡和飲用茶的茶壺、茶杯等等。喝茶用的茶盞也由黑釉瓷變成了以白瓷和青花瓷為主，主要是為了襯托出茶湯的色澤。

　　明清之後，大量不同品類的散茶出現，如今我們所熟知的許多種類的紅茶、烏龍茶等都是在這一時期開始製作。茶葉品類的增加帶來了飲茶方式的變化，開始出現了兩個特點：一是品茶方式變得統一而日臻完善。散茶沖泡的茶壺和茶杯一般要先用開水洗滌，再用乾布擦乾，茶渣要倒掉，做到茶水分離；二是出現了綠茶、紅茶、烏龍茶、黃茶、白茶和黑茶六大茶類，品飲方式也隨茶類不同而有很大變化。同時，各地區由於不同風俗，開始習慣飲用不同類別的茶葉，並發展出了豐富多彩的地方茶文化。例如，廣東人喜好紅茶；而在盛產烏龍茶的福建，當地人以喝烏龍茶為主；江浙地區則是綠茶的產區，發展出了精緻的綠茶文化；北方人喜歡喝花茶或綠茶；邊疆少數民族則多用黑茶、茶磚，配以奶、鹽等佐料，調配出特色的奶茶、酥油茶等。

第二節　山水田園文士茶

　　隨著明代散茶製作的興起，新的飲茶沖瀹法也隨之傳播開來。相較於原先的團餅茶，散茶更容易沖泡，而且芽葉完整，外形美觀，使人在飲用之時也能欣賞到茶葉外形之美。明代人已經不再單一地品飲茶葉，而是注重飲茶的環境、氛圍和與其他藝術的和諧統一。明代的文人認為前人所用的煎茶點茶之法都有損於茶的真味，失去了茶作為自然之飲的樂趣與本性。

　　明代文人飲茶很注重對泉水的選擇，提倡茶與水相宜。張大復在《梅花草堂筆談》記載：「茶性必發於水，八分之茶，遇十分之水，茶亦十分矣；八分之水，試十分之茶，茶只八分耳。」許次紓在《茶疏》中則認為：「精茗蘊香，藉

第五章　返樸歸真的明代茶
第二節　山水田園文士茶

水而發，無水不可與論茶也。」明人對泉水的要求很高，認為適合泡茶的水必須清洌、甘甜，為求好水，可以不遠千里以得之。

明·文徵明《惠山茶會圖》

明代文人飲茶還非常講究藝術性，注重審美情趣的意境和自然環境的和諧統一，這在當時的許多文人畫作中得到了體現。比如，唐寅的《事茗圖》和文徵明的《惠山茶會圖》等，都是當時描寫文人飲茶情境的有名畫作。正如羅廩在《茶解》中所說：「山堂夜坐，吸泉煮茗，至水火相戰，如聽松濤，清芬滿懷，雲光瀲灩。此時幽趣，故難與俗人言矣。」畫中的高士們不單單飲茶品茗，還樂於彈琴對弈，體現了文人不同於平常人等的技藝和情趣。

明代文人更傾向於優樂茶事，而不是舉辦盛大的茶會。明代陳繼儒在《茶話》中曾言：「一人得神，二人得勝，三四人得趣，五六日泛，七八人是為名施茶。」至於飲茶的自然環境，則最好在幽靜的竹林、簡樸的山房，或者清溪、

一葉知茶
茶文化簡史

松濤,無喧鬧嘈雜之聲。在這種環境中品賞清茶,就有一種非常獨特的審美感受,在山間清泉之處,撫琴烹茶,與山水融為一體,與天地相得益彰。

明代也是中國歷史上茶學研究最為鼎盛、出現茶著最多的時期,共計有五十餘部,其中多為文人所著,可見當時文人對茶的喜愛。比如朱權的《茶譜》、張源的《茶錄》、許次紓的《茶疏》和徐渭的《煎茶七類》,都是不可多得的茶論佳作,也推動了後世飲茶理論的發展。

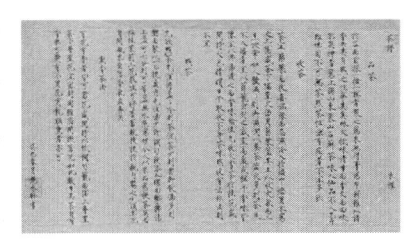

明 朱權《茶譜》

其中,朱權所寫的《茶譜》除緒論外,分十六則。在緒論中,朱權論述了他對茶事即雅事的理解,認為茶事更多的是文人所行之事,普通人雖也會飲茶,但無法體味茶的真諦。朱權指出飲茶的最高境界:「會於泉石之間,或處於松竹之下,或對皓月清風,或坐明窗靜牖,乃與客清談款話,探虛玄而參造化,清心神而出塵表。」顯示了文人與其他人不同的情懷和意境。

正文則首先指出茶的功用有「助詩興」、「伏睡魔」、「倍清談」、「利大腸,去積熱化痰下氣」、「解酒消食,除煩去膩」等。朱權認為,只有陸羽的《茶經》和蔡襄的《茶錄》兩本書得茶的真諦。他還探索了廢團改散後的品飲方法,提出了自己所創的品飲方法和茶具,提倡從簡行事,保持茶葉的本色,以順其自然之性。「蓋羽多尚奇古,製之為末,以膏為餅。至仁宗時,而立龍團、鳳團、月團之名,雜以諸香,飾以金彩,不無奪其真味。然天地生物,各遂其性,莫若葉茶烹而啜之,以遂其自然之性也予故取烹茶之法,末茶之具,崇新改易,自成一家。」

徐渭《煎茶七類》

第五章　返樸歸真的明代茶
第三節　供春壺的故事與傳世紫砂

《茶譜》還從品茶、品水、煎湯、點茶四項談飲茶方法，認為品茶應品穀雨茶，用水當用「青城山老人村杞泉水」、「山水」、「揚子江心水」、「廬山康王洞簾水」，煎湯要掌握「三沸之法」，點茶要「注湯小許調勻」、「旋添入，環回擊拂」等程序，並認為「湯上盞可七分則止，著盞無水痕為妙」。

第三節　供春壺的故事與傳世紫砂

關於紫砂產生的年代，有不同的說法。有人認為早在宋代就已有紫砂器，但學術界比較認同紫砂源於明代。明代散茶的沖泡，直接推動了宜興紫砂壺業的發展，到了明代中期，宜興一帶的紫砂製作已開始出現。

宜興位於江蘇省境內，早在漢代就已生產青瓷，到了明代中晚期，因當地人發現了特殊的紫泥原料，紫砂器製作由此發展起來。相傳，紫砂最早是由金沙寺僧發現的，他因經常與製作陶缸甕的陶工相處，突發靈感，「摶其細土，加以澄練，捏築為胎，規而圓之」，而後「刳使中空，踵傳口柄蓋的，附陶穴燒成，人遂傳用」。

其實，紫砂器製作的真正開創者應是供春。供春是學使吳頤山的學僮，一度在金沙寺陪讀，後因學金沙寺僧紫砂技法，製成了早期的紫砂壺。

明紫砂六方茶葉瓶

一葉知茶
茶文化簡史

明大彬款紫砂壺

傳說供春姓龔，名春，他陪同主人在宜興金沙寺讀書時，金沙寺中有一位老和尚很會做紫砂壺，供春也很喜愛紫砂壺，於是就偷偷學。老和尚每次做完壺之後都會在水缸內洗手，沉澱在缸中的紫砂泥土被供春收集起來。供春仿照金沙寺旁所種的大銀杏樹的樹癭，也就是樹上的瘤的形狀，製作了一把壺，燒成之後，這把壺十分古樸自然，富有野趣，於是這種仿照樹癭形態的紫砂壺一下子就出了名，人們對它讚不絕口，並稱之為供春壺，在當時就有許多工匠仿製。到了後來，有許多製壺大師都製作過供春的樹癭壺。於是，宜興的紫砂壺不再被當作粗糙的陶器製品，而是被文人視為泡茶的首選茶具，並且成為被賦予了詩、畫、文等富有文人趣味的藝術品。

現今出土的最早的紫砂壺，應是明代司禮太監吳經墓出土的嘉靖十二年的紫砂提梁壺，砂質較粗，外形古樸周正，體現了紫砂製作初期的特點和審美。供春以後，明代的紫砂名家有董翰、趙良等人，而在其後出現的時大彬則成為一代名手，所製壺「不務研媚而樸雅堅栗，妙不可思」、「大為時人寶惜」，當時就有人仿製時大彬所製壺。時大彬之後還出了不少名家，如李仲芳、徐友泉、陳用卿、陳仲美、沈君用等，他們推動了紫砂在明代的發展。

紫砂泥土土質細膩，含鐵量高，具有良好的吸水性和透氣性，用紫砂壺來沖泡茶葉，能把茶葉的真香發揮出來。文震亨在《長物志》中曾提到：「茶壺以砂者為上，蓋既不奪香，又無熟湯氣。」因此，紫砂壺一直是明代以後士大夫文人最為喜愛的茶具之一。

紫砂壺從早期的古樸雅致發展到後來，慢慢地形成了獨特的文人紫砂，因

第五章　返樸歸真的明代茶
第三節　供春壺的故事與傳世紫砂

文人參與設計製作，更多地融入了文人的情趣和審美，融繪畫、篆刻、文學、書法等諸藝於一體，既有實用價值，又可欣賞、把玩。而文人紫砂最引人注目的是它的壺銘，一把紫砂壺具有上等的泥料、雅致的造型，如果再配上絕佳的壺銘，便可作為傳世紫砂流傳於世。

到了清代，紫砂壺依然受到文人的偏愛，也出現了許多製作紫砂壺的大家，其中以陳曼生的「曼生十八式」最為有名。其實陳曼生並不是自己親自製作紫砂壺，而是與當時的製壺高手楊彭年合作，製作出了一款又一款經典的壺形樣式。

曼生，嘉慶年間人，集詩書畫印於一身，「西泠八家」之一，信佛嗜茶，一生不愛金銀，唯獨鍾情於紫砂。他做溧陽知縣時，因喜愛紫砂壺而結識了楊彭年，二人一見如故，一人設計一人製壺，從而產生了具有鮮活生命的千古佳作——曼生壺。

人們常說藝術來源於生活，但又高於生活，曼生壺的造型創作也是如此，有的借鑒青銅、漢瓦為壺形，

井欄壺

像石銚壺、飛鴻延年壺；有的則是生活中的動植物原形，比如天雞壺、匏瓜壺；更多的則是幾何形式，如三角形的石瓢壺，好似一位年輕帥氣的將軍，單手插腰，硬朗的壺嘴仿佛在像將士們作出征前的壯言。注重功能型是曼生壺的一大特點，不管器形樣式如何，都可以用來沏茶，並且茶壺的容量大小、高矮尺度、嘴把配置都十分講究。曼生壺千姿百態，信手拈來，個個靈動，個個生機。而在這眾多樣式中，井欄壺最令人津津樂道，那麼它的創作靈感又來自哪裡呢？

其實，就是來自於一口普通的井。在曼生的眼裡，大自然的萬物都是茶壺原型。那年夏天，彭年來訪，曼生在院子裡設席招待好友，二人以壺為題，互交心得。彭年問起最近可有新的思路？曼生搖頭：「未曾有。」彭年說：「不要急躁。」就在此時，庭院南面，恰巧有丫頭在井邊取水，欄高水深，丫頭取水頗為吃力，腰身彎如彩虹。曼生緊盯著井欄與取水的丫頭，慢慢地，在曼生眼裡，丫頭化成了一支優美的壺把，井欄化為圓形壺身，當即在石桌上描繪出來。兩人指指點點，不時棄之重來，數遍後，終成一壺。彭年說：「此壺天成，唯曰井欄。」二人相視大笑。數日後，彭年就送來成品。曼生說：「井欄本天成，吾手偶得之。」

曼生壺的每一款壺式及壺銘都有一定的寓意。井欄壺上刻有銘文：「汲井匪深，挈瓶匪小，式飲庶幾，永以為好。」意思是說，深井有如文山書海，知識有如井水，取之不竭，告誡世人，學識有如人生必備之水，唯不停汲取，才能修身養性，頤養天年。

第四節　中國瓷都景德鎮

明太祖朱元璋發布廢團改散的敕令以後，散茶開始在全國真正地流行開來。據《野獲編補遺》記載，在明朝初期製茶承襲宋代，還是以上貢建州茶為主，「至洪武二十四年九日，上以重勞民力，罷造龍團，唯採芽茶以進」，由此

第五章　返樸歸真的明代茶

第四節　中國瓷都景德鎮

「開千古茗飲之宗」，此後散茶才大規模地走上了歷史舞台。

明代的散茶種類名目繁多，比較有影響力的有虎丘、羅岕、天池、松蘿、龍井、雁蕩、武夷、日鑄等茶類，這些散茶不需碾羅，可直接沖飲。其烹試之法「亦與前人異，然簡便異常，天趣悉備，可謂盡茶之真味矣！」陳師在《茶考》中記載了當時蘇、吳一帶的烹茶法：「以佳茗入磁瓶火煎，酌量火候，以數沸蟹眼為節，如淡金黃色，香味清馥，過此而色赤不佳矣！」這是壺泡法。而當時杭州一帶的烹茶法與蘇吳略有不同，「用細茗置茶甌，以沸湯點之，名為撮泡」。其實無論是壺泡還是撮泡，較之前代都簡便多了，還原了茶葉的自然天性。

明青茶碗

由於茶葉不再碾末沖點，以前茶具中的碾、磨、羅、筅、湯瓶之類的茶具皆廢棄不用，宋代崇尚的黑釉盞也退出了歷史舞台，代之而起的是景德鎮的白瓷。屠隆在《考槃餘事》中曾說：「宣廟時有茶盞，料精式雅，質厚難冷，瑩白如玉，可試茶色，最為要用。蔡君謨取建盞，其色紺黑，似不宜用。」張源在《茶錄》中也說：「盞以雪白者為上，藍白者不損茶色，次之。」因為明代的茶以「青翠為勝，陶以藍白為佳，黃黑純昏，但不入茶」，用雪白的茶盞來襯托青翠的茶葉，可以說是相輔相成。

飲茶方式的一大轉變帶來了茶具的大變革，從此壺、盞搭配的茶具組合一直延續到現代。明清兩代的瓷器主要以景德鎮為中心，景德鎮成了名符其實的瓷都。明代的御窯廠就設在景德鎮的龍珠閣。在元代青花、釉裡紅、紅釉、藍釉、影青、樞府釉瓷器發展的基礎上，明代的督陶官對御窯廠進行嚴格的管理，經過幾代窯工的努力，燒製出了不少創新品種，如明代永樂的甜白瓷、成化的鬥彩、

一葉知茶
茶文化簡史

正德的素三彩、宣德的五彩。而明代仿宋代定窯、汝窯、官窯、哥窯的瓷器也很成功，特別是永樂朝燒製的白瓷，胎白而緻密，釉面光潤，具有「薄如紙，白如玉，聲如磬，明如鏡」的特點，時人稱之為「甜白」。甜白茶盞造型穩重，比例勻停，又叫「壇盞」。高濂在《遵生八箋》中提到：「茶盞唯宣窯壇盞為最，質厚瑩玉，樣式古雅。有等宣窯印花白甌，式樣得中而瑩然如玉。次則宣窯內心茶字小盞為美。欲試花色黃白，豈容青花亂之。」

明白釉弦紋壺

這個時期的景德鎮官窯和民窯都生產了大量的茶具，品種豐富，造型各異，其中從釉色上來說有青花、釉裡紅、青花釉裡紅、單色釉（包括青釉、白釉、紅釉、綠釉、黃釉、藍釉、金彩）、仿宋五大名窯器、粉彩、五彩、琺瑯彩、鬥彩等。從茶具種類上來說，這時期的主要茶具有茶壺、茶杯、蓋碗、茶葉罐、茶海、茶盤、茶船等。

第五章　返樸歸真的明代茶

第五節　鄭和與青花瓷茶具

　　元朝疆土的擴大和海外貿易的活躍，使得中國人的地理概念大大的充實。原先只關注於東亞地區的人們開始放眼西方，想要往西探尋更廣闊的世界，於是便有了鄭和七下西洋的壯舉。西元一四〇五年，明成祖命鄭和率領龐大的寶船艦隊遠航，訪問西太平洋與印度洋的三十多個國家和地區。

　　鄭和，原名馬和。他出生於回族家庭，有姐妹四人，兄弟一人。洪武十三年（西元一三八一年）冬，明朝軍隊進攻雲南，馬和僅十歲，被明軍副統帥藍玉掠至南京，成為宦官之後，服侍燕王朱棣。在靖難之變中，馬和為燕王朱棣立下戰功。後來，明成祖朱棣將「鄭」字賜於馬和，以紀念其戰功，於是後世稱其為「鄭和」。鄭和深得明成祖信賴，他武功高強，又有智略，知兵習戰。宣德六年（西元一四三二年），多次下西洋的鄭和被欽封為三寶太監。

　　鄭和曾到達過爪哇、蘇門答臘、蘇祿、彭亨、真臘、古里、暹羅、阿丹、天方、左法爾、忽魯謨斯、木骨都束等三十多個國家，最遠曾到達非洲東岸、紅海、麥加。鄭和帶去了金銀、絲綢和瓷器，帶回了當地的特產和新奇物品，如鴕鳥、斑馬、駱駝和象牙。他從東亞港口帶回的長頸鹿被當時的人們認為是傳說中的麒麟獸，並且被視為明朝天命所依的憑證。

　　不同於西歐的大航海活動往往伴隨著殖民與戰爭，鄭和下西洋以和平的外交手段來達到目的，他龐大的艦隊足以

鄭和像

一葉知茶
茶文化簡史

威懾當地的敵人。在第一次遠航時，鄭和的艦隊就由三百七十一艘船和兩萬八千多名船員組成。鄭和率領船隊下西洋的過程中，透過各種手段，調解和緩和各國之間的矛盾，維護海上交通安全，從而把中國的穩定與發展同周邊聯繫，試圖建立一個長期穩定的國際環境，提升了明王朝在國際上的威望。

鄭和下西洋帶回了無數的珍寶和新鮮物品，有人認為製作青花的上等釉料蘇麻離青就是鄭和帶回來的。蘇麻離青含鐵高而含錳量低，燒造後呈現出藍寶石般的鮮豔色澤，是製作青花瓷器的絕佳釉料。青花瓷器作為茶具，隨著茶葉對外貿易的開展也隨之傳播到世界各地。

西元一四三三年，鄭和在第七次下西洋途中因勞累過度，在印度西海岸古里去世，船隊由太監王景弘率領返航，於當年七月二十二日返回南京。鄭和死後，明朝再無也沒有規模地組織遠洋艦隊下西洋。尤其是經歷了土木堡之變的明王朝，逐漸地把重心放在了北部邊境，修復擴展了長城防禦體系，再也無心面向海洋。

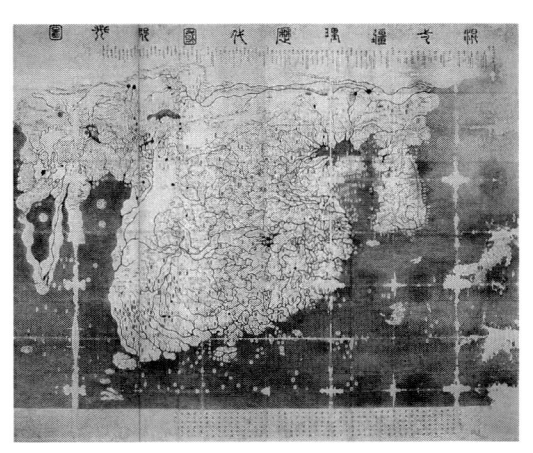

混一疆理歷代國都之圖

第六章　走向世俗的清代茶

第一節　君不可一日無茶──清宮廷茶事

第六章　走向世俗的清代茶

　　進入清代以後，中國茶，在內不斷地深入市井，走向世俗，走進千家萬戶的日常生活，層出不窮的新茶、好茶，遍布城鄉的茶館、茶號，南來北往的茶商、茶客，構成了欣欣向榮、絢麗多彩的近代茶業圖卷；對外，則乘著政策的東風，以貿易的形式，迅速走向世界，並一度壟斷整個世界茶葉市場。

第一節　君不可一日無茶──清宮廷茶事

　　雖說清代是一個由少數民族建立並統治的朝代，但這絲毫沒有影響清代統治者們對於飲茶的熱衷與喜愛。祖居地偏僻寒冷的生存環境以及傳統的狩獵游牧生活，使得滿族人一早就與茶結下了不解之緣。早在宋遼時期，滿族人的前身女真人就已有了飲茶的記載。入關後，隨著滿漢民族的融合，茶更是成為滿族人日常生活必不可少的一部分，尤其是宮廷內部，茶事活動的內容之多、範圍之廣、規模之盛超越歷朝。

清宮舊藏茶葉包裝盒

一葉知茶
茶文化簡史

清宮舊藏茶葉包裝盒

　　先說琳琅滿目的清代貢茶，不僅品類空前齊全，而且數量相當龐大。翰林院編修查慎行所著《海記》中提到，康熙年間，清宮貢茶分別來自江蘇、安徽、浙江、福建、江西、湖北、湖南等省的七十多個府縣，而且年消耗量在一萬三千九百多斤。到了乾隆時期，據《內務府奏銷檔》記載：朝廷每年收取進貢名茶三十多種，每種各數瓶、數十瓶至一百餘瓶，品類有兩江總督進貢的碧螺春茶、銀針茶、梅片茶、珠蘭茶，閩浙總督進貢的蓮心茶、花香茶、鄭宅芽茶、片茶，雲貴總督進貢的普洱大中小茶團、普洱女兒茶、芯茶、芽茶、普洱茶膏，四川總督進貢的進仙茶、菱角灣茶、觀音茶、春茗茶、名山茶、青城芽茶、磚茶、鍋焙茶，漕運總督進貢的龍井芽茶，江蘇巡撫進貢的陽羨芽茶，安徽巡撫進貢的雀舌茶、松蘿茶、塗尖茶，江西巡撫進貢的永新茶磚、廬山茶、安遠茶、界

清宮舊藏紫砂琺瑯彩蓋碗

第六章　走向世俗的清代茶

第一節　君不可一日無茶—清宮廷茶事

茶等。清代宮廷設有專門的茶庫，用於貢茶的儲存與保管，還設有各類茶房、茶膳坊、奶茶房等，作為製作茶飲的機構。據統計，清代紫禁城建有的茶庫、茶房數量遠遠超過明代，這也間接反映了清王朝的主人們對於茶飲的喜愛。

再說精緻奢華、名目繁多的宮廷茶宴。隨著清代禮儀制度的逐漸完備，到了清中期時，茶不僅僅是宮廷貴族的日常飲品，飲茶還被納入皇家禮儀，演變為一種禮儀定制。據清朝典制所載，清宮中的許多宮廷筵宴、祭祀和慶典活動均有飲茶儀式，如千叟宴、萬壽禮、大燕之禮、大婚之禮、命將之禮、太和殿筵宴、保和殿殿試等，其中最著名的要數重華宮茶宴。

清紫砂琺瑯彩花卉紋壺

重華宮茶宴由乾隆首創，是清宮春節期間最具代表性的茶宴之一，一般在正月上旬擇吉日於重華宮舉行。宴上，君臣圍坐，賦詩飲茶，其樂融融。茶是乾隆御製的「三清茶」，以龍井為底，加之以梅花、佛手、松子一起沖泡，三者俱是清雅高潔之物，故而取名「三清茶」。具是茶宴特製的「三清茶具」，兩江陶工手作，外書御製茶詩。詩是應景討彩吉祥詩，由皇帝命題定韻，出席者賦詩聯句。茶宴畢時，皇帝還會頒賞王公大臣，親賜大小荷包、飲茶杯盞等。據統計，重華宮茶宴在有清代一共舉辦了六十餘次，直到咸豐以後，因國力衰落而終止。

北京故宮博物院收藏的清乾隆皇帝的竹茶爐，製作頗為考究，係乾隆皇帝下令造辦處的工匠專門為其設計製作。竹茶爐與其他茶具一起放進一個叫茶籯的包裝盒子內，便於戶外飲時茶攜帶。

一葉知茶
茶文化簡史

清宮舉行茶宴時用的「三清茶具」

第六章　走向世俗的清代茶

第一節　君不可一日無茶—清宮廷茶事

最後來說一說一眾位高權重的茶人們。縱觀清代的統治者，好茶者不在少數，孝莊、康熙、乾隆、光緒、慈禧等均在其列。相傳，孝莊晚年節儉，飲食上唯一需要特殊開支的就是飲茶一項，尤其是她喜歡的倉溪茶與伯元茶，有時月消耗量達二斤八兩；康熙皇帝南巡太湖時，為碧螺春賜名並題贊詩一首，傳為美談；光緒帝「晨興，必盡一巨甌，雨腳雲花，最工選擇」；慈禧太后愛飲花茶，並且每天飲茶三遍，雷打不動。但要說飲茶發燒友，還非乾隆皇帝莫屬。

一葉知茶
茶文化簡史

北海鏡清齋內的焙茶塢

　　民間流傳著很多乾隆與茶的故事，內容涉及種茶、飲茶、泡茶、茶詩等方方面面。他曾六下江南，四度到西湖茶區飲茶採茶，並親封胡公廟前十八棵茶樹為「御茶」，派專人看管，年年歲歲採製進貢。他首倡重華宮茶宴，創「三清茶」，還特製銀斗，量天下名泉，用以烹茶。他一生共創作茶詩兩百三十多首，數量之多，不僅在歷代皇帝中絕無僅有，就是文人學子中也很少見。晚年退位後，他仍嗜茶如命，在北海鏡清齋內專設焙茶塢，自得其樂。據說，乾隆決定讓位時，一位老臣曾不無惋惜地勸諫道：「國不可一日無君啊！」一生好茶的乾隆帝卻端起御案上的一杯茶，說道：「君不可一日無茶。」道出了這位九五之尊對茶是何等的癡愛。

　　上有所為，下有所效，在上層社會如此濃郁的飲茶氛圍影響下，清代的民間茶事也是一派生機勃勃。

第六章　走向世俗的清代茶
第二節　茶館小社會

第二節　茶館小社會

中國的茶館，在世界上也稱得上是一絕，尤其是在那個沒有電視、電腦，沒有手機、電話，沒有網路的年代裡，茶館可是人們休閒娛樂、交流資訊的重要場所。

清代茶館中婦女兒童飲茶的情景

說起中國茶館的歷史，可是相當悠久，早在晉代，市場上已有茶水售賣。《廣陵耆老傳》載：「晉元帝時，有老嫗，每旦獨提一茗器。往市鬻之，市人競買。」當然這還屬於流動攤販性質，尚不能稱為茶館；南北朝時，品茗清談之風盛行，出現了一種供人喝茶住宿的茶寮，可視作茶館的雛形。

真正意義上的茶館最早出現於唐代，《封氏聞見記》有云：「自鄒、齊、滄、棣漸至京邑，城市多開茗鋪，煎茶賣之，不問道俗，投錢取飲。」不過，唐代茶館並不普及，功能也不完善。發展到宋代，茶館已相當成熟，並且分布廣泛，種類繁多，當時一般多稱為「茶肆」、「茶坊」。到了明清，大大小小的茶館已遍布

一葉知茶
茶文化簡史

全國,不但形式越發多樣,而且功能愈加豐富,尤其是清後期,各類茶館爭奇鬥豔,一派繁榮,形成了絢麗多姿的近代茶館文化。

清代的茶館真可謂是五花八門、包羅萬象,普通的品茶、吃飯是基本配備,更有讓人眼花撩亂的多樣化的特色服務。當時的茶館有兼營說書彈唱的、演戲雜耍的、下棋打牌的、養鳥鬥蟋蟀的、洗澡理髮的、擦鞋算命的、旅遊住宿的,甚至有的還兼有賭場、煙館、妓院的生意。每日裡,各色人物、三教九流在茶館中穿梭匯聚,八卦新聞、世間百態在茶館中輪番上演。有人曾這樣形容清末民初時期的茶館:是沙龍,也是交易場所;是飯店,也是鳥會;是戲園子,也是法庭;是革命場,也是閒散地;是資訊交流中心,也是起步小作家的書房;是小報記者的花邊世界,也是包打聽和偵探的耳目;是流氓的戰場,也是情人的約會處;更是窮人的當鋪。難怪老舍先生在創作話劇《茶館》時直接把茶館比作了「小社會」。

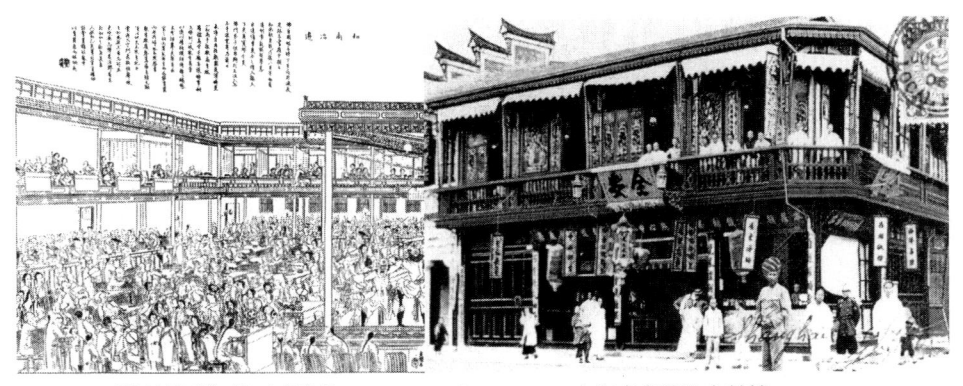

《清茶館畫》點石齋畫作　　　　上海南京路全安茶樓

在當時眾多的茶館趣事中,「吃講茶」是最有趣的。在舊時的中國,有人家裡發生房屋、土地、水利、山林、婚姻等問題糾紛時,往往不上衙門打官司,而由中間人出面講和,約雙方一起去茶館當面解決,這便是「吃講茶」。吃講茶的規矩是,先按茶館裡在座人數,不論認識與否,各沖茶一碗,並由雙方分別奉茶。接著,由雙方分別向茶客陳述糾紛的前因後果,表明各自的態度,然後請茶客們評議,茶客就相當於現代西方法庭中的陪審團。最後,由坐馬頭桌(靠近門

第六章　走向世俗的清代茶
第三節　趣話茶莊、茶號

口的那張桌子）的公道人——一般是輩分較大、辦事公道、享有聲望的人，根據茶客評議，作出誰是誰非的最終結論。大家表示贊成，就算了事。這時理虧的一方，除了與對方具體了結外，還得當場付清在座所有茶客的茶資。

第三節　趣話茶莊、茶號

　　清代，經過康雍乾三朝的發展，政治穩定，經濟繁榮，在衣食有餘的情況下，飲茶逐漸成為普通百姓的日常生活內容之一，為了滿足消費者的各類茶葉需求，以茶葉經營為主的茶莊、茶號在全國各地紛紛出現，成為當時當地不可或缺的存在。

　　茶莊，即相當於現在的茶葉零售商店，主要以經營內銷茶為主，在清後期，隨著對外貿易的蓬勃發展，也有少量外銷茶出售；茶號，則猶如現在的茶葉精製工廠和門店，它先是從茶農手中收購毛茶，然後經過精製加工，拼配整理成相應花色產品後運銷。在清代，幾乎各大城市都有數得上名的茶莊和茶號，它們或以品質優良的產品行銷中外，或以獨特的經營之道為人傳頌，閃亮的金字招牌鐫刻在了幾代人的記憶之中。

民國時期的茶莊（引自《三百六十行大觀》）

一葉知茶
茶文化簡史

翁隆盛茶莊廣告

在杭州，說到翁隆盛茶號，在當時可以說是無人不知無人不曉。這家乾隆御封的「天字第一茶號」，最早於清雍正七年（一七三〇年）由海寧人翁耀庭創設，最初開在杭州市梅登高橋附近，此地與當時的科舉考場貢院相近，所以各地考生來杭應試時，都會購買杭州特產龍井茶葉回去贈送親友。由於翁耀庭善於經營，勤於招徠，茶葉生意越做越大。到了乾隆年間，翁隆盛龍井上貢朝廷，得皇帝青睞，乾隆皇帝微服私訪時御題「翁隆盛茶號」、「天字第一茶號」招牌兩塊。後來，它還乘著「中國皇后」號輪船遠售美國，開創了華茶運美貿易之先河。隨著貿易的發展，到了太平天國之後，翁隆盛將店遷到了當時的商業鬧市清河坊，五層洋房的店面，門楣上還裝飾有「獅球」注冊商標，氣派非常。一九一二年，翁隆盛龍井茶更是一舉獲得巴拿馬萬國博覽會的特等獎，名聲大振。由於翁隆盛茶號歷史悠久，品質優良，貨真價實，在中國茶葉同行中享負盛名，在東南亞一帶亦信譽卓著，有些不法商販便趁機假冒，為此翁隆盛於一九三三年刊印《為中外市場冒牌充斥敬告各界書》，鄭重聲明該號以「獅球」為注冊商標，唯有清河坊六十號一家老店，此外並無分號設置。另一方面，翁隆盛嚴密控制茶號包裝紙，由有益山房獨家承印，並把印好的版子收回（有的說把有益山房的印刷機搬到翁隆盛店內來印），以防包裝紙外傳。在外

第六章　走向世俗的清代茶
第三節　趣話茶莊、茶號

銷茶葉包裝木箱內的鐵膽蓋上,加軋機印有「獅球」注冊商標字樣,防止冒牌假造。據傳當時在香港、廣東等地,翁隆盛牌號的包裝紙每副能值港幣一角到兩角,可見其影響之大。除了翁隆盛,當時杭州還有不少的茶莊、茶號,如方正大、茂記、吳元大等。

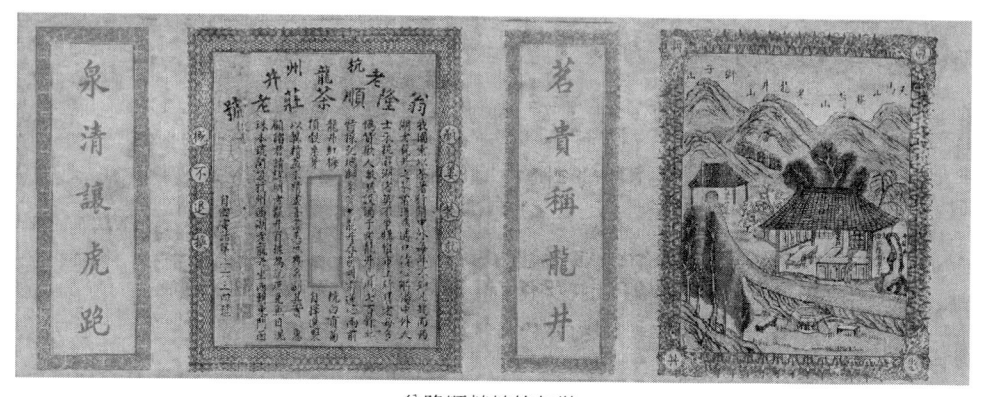

翁隆順茶莊的包裝

在離杭城相去不遠的上海,茶莊、茶號也熱鬧非凡,公興隆、洪源永、黃隆泰、汪怡記、程裕新、程裕和⋯⋯有名的、無名的、洋莊的、本莊的,林立街頭,讓人眼花撩亂。在這其中,規模最大、影響最廣的要數汪裕泰茶莊。這家由徽商汪立政創立的茶莊,最早始於清咸豐年間,當時只是上海舊城老北門(今河南路)的一家小茶葉店,發展到其子汪自新(字惕予)這一代時到達頂峰,據說當時汪裕泰共有茶莊八爿,茶廠兩處,分店四爿,擁有進口十噸大卡車兩輛,小轎車三輛。其中,尤以第七茶號為最大,占地十餘畝,有環境幽雅的花園,園中建有西式灰白相間的住宅,門口還有持槍門警守衛。

說到這位「茶二代」汪自新也是位傳奇人物,他既是出色的醫者,也是精明的商人,還是位地道的琴癡。汪自新出資數十萬元,在杭州西湖邊造了一座園林,取名為青白山莊,俗稱汪莊。莊中亭台樓閣,奇花異卉,布置極具匠心,不僅開設有「汪裕泰分號」售茶賣茶,還建有「今蜷還琴樓」來珍藏的古今名琴。一九二九年西湖博覽會期間,一場「真假唐代雷威『天籟』琴事件」引起了轟動,

一葉知茶
茶文化簡史

汪自新當眾「剖琴」以正名，用一把價值連城的古琴換得了商人最可貴的誠信，一時間「汪泰裕」的名號震天響，數省茶民幾乎無人不知。

除了滬杭兩地，當時全中國知名的茶莊、茶號還有很多，如北京的張一元、張家口的大裕川、漢口的廣昌和、長沙的朱乾升等，這些百年的老字型大小茶店流傳至今的已寥寥無幾，但正是它們組成和見證了近代中國茶業的輝煌。

汪裕泰茶葉「最上禮品」包裝

上海南京路上的汪裕泰茶號（引自《行業寫真卷》）

第六章　走向世俗的清代茶

第四節　鴉片戰爭與茶葉貿易

說到鴉片戰爭，每個中國人都會氣得牙癢癢，正是這場由英國人發動的侵略戰爭，中國開始簽訂了歷史上第一個不平等條約——《南京條約》，開始向外國割地、賠款、喪失主權，開始淪為半殖民地半封建社會。鴉片戰爭是中國歷史上劃時代的大事，拉開了中國近代史的序幕。大家可能難以想像，如此重大的歷史事件的發生竟然和小小的茶葉有著千絲萬縷的聯繫。

早在十五世紀末東西航路開通時，西方人就慢慢了解並愛上了中國茶，並把它視作珍貴奢侈的飲品，只有貴族與富人才能享用。聰明的歐洲商人看到了商機，開始大量從中國運載茶葉回國販賣，賺取差價。「海上馬車夫」荷蘭是中西茶葉貿易的先驅。一六〇七年，荷蘭東印度公司首次從澳門運輸茶葉，經爪哇轉口銷往歐洲，拉開了中歐茶葉貿易的序幕。整個十七世紀和十八世紀初，荷蘭是西方最大的茶葉販賣國。隨後，荷蘭人的茶葉貿易霸主地位被英國人取代。英國東印度公司最早於一六八七年開始直接從廈門購買茶葉，一七〇四年在廣州購

清末上海港出口的外銷茶

買的茶葉價值一萬四千兩白銀，占總貨值的11%，一七一六年上升為總貨值的80%，茶葉開始成為中英貿易中的重要商品。從一七三〇年到一七九五年的絕大部分年分中，茶葉貨值均占總貨值的一半以上。特別是鴉片戰爭前期，英國東印度公司進口的華茶占到了其總貨值的90%以上，一八二五年和一八三三年更是達到100%，茶葉成為其唯一的進口商品。

一葉知茶
茶文化簡史

十八世紀英國的下午茶

　　茶葉等商品的大量出口,使中國在對外貿易中賺取了大量的白銀,英國人眼看著自己大把大把的銀子被中國人賺走,十分地著急,他們開始竭力向中國推銷他們本國的羊毛、尼龍等工業產品,但是這些商品不受中國人歡迎。為了改變這種不利的貿易局面,英國人想到了一種卑劣的手段:向中國大量走私鴉片,讓中國人吸食後上癮,這樣就可以源源不斷賺回白銀了。果然,從此中國的白銀開始大量外流,國庫日漸空虛。煙毒嚴重摧殘了中國人民的身心健康,破壞了社會生產力。直到一八三九年,清政府認識到了鴉片危害的嚴重性,派出大臣林則徐

第六章　走向世俗的清代茶
第四節　鴉片戰爭與茶葉貿易

外商檢驗中國外銷茶　　　　　　　　清外銷茶葉裝箱

到廣州開展禁煙運動，便有了轟轟烈烈的虎門銷煙。但是英國人藉口禁煙行動侵犯了私人財產，以此為由，於一八四〇年六月發動了第一次鴉片戰爭，也從此拉開了中國近代史的序幕。

鴉片戰爭後，隨著五口通商，清政府對茶葉出口運輸的限制取消了，茶葉貿易更加迅速發展，從十六〇〇至一八六〇年代，茶葉一直是中國占第一位的出口商品。直到一八八六年以後，由於印度茶的競爭和華茶自身問題等原因，茶葉出口量才開始逐漸衰退。

東印度公司到中國的運茶商船

一葉知茶
茶文化簡史

第五節　「哥德堡」號商船與中國茶

　　走進中國茶葉博物館的茶史廳，不少遊客都會在一盒小小的茶樣前駐足。盒中的茶葉早已糜爛變質，就像梅乾菜一般，與它身邊精美的文物形成鮮明的對比。可是，就是這樣一份不起眼的茶樣，見證了中國茶葉外銷的光輝歷史，見證了航海史上著名的商船「哥德堡」號的傳奇故事。

哥德堡沉船茶樣（中國茶葉博物館館藏）　　　一七六七年中國與瑞典的茶葉交易契

　　「哥德堡」號是一艘以瑞典名城哥德堡命名的大帆船，服務於瑞典東印度公司，一七三八年由瑞典船舶設計師弗雷德里克·查普曼設計，在斯德哥爾摩建造。該船船體總長五十八點五公尺，水面高度四十七公尺，十八面船帆共計一千九百平方公尺，載重量八百三十三噸，船上配備三十門大炮，是當時瑞典東印度公司旗下最大的商船之一。一七三九年一月二十一日至一七四〇年六月十五日，一七四一年二月十六日至一七四二年七月二十八日，「哥德堡」號商船劈波斬浪，先後兩次成功完成瑞典與中國廣州之間的遠洋航行，帶回大量中國商品，不僅為瑞典東印度公司賺取了高額利潤，也為當時歐洲掀起的「中國熱」更添了幾分熱度。

「哥德堡」號素描圖

一葉知茶
茶文化簡史

「哥德堡」號的標誌

清外銷漆描金人物紋茶葉盒（中國茶葉博物館館藏）

一七四五年九月十二日，這是一個陽光明媚、風平浪靜的日子，也是貨運商船「哥德堡」號第三次遠航中國歸來的日子。清晨，新埃爾夫斯堡的碼頭上人聲鼎沸，人們手捧著鮮花一邊焦急地等待與親人團聚，一邊熱鬧地猜測著船上裝載的中國珍寶。

終於，海平面上出現了「哥德堡」號的帆影，人群歡呼起來，有人跳起了舞，唱起了歌。慢慢地，船離港口越來越近了，人們看到了船員們揮舞著手臂，領航員登上了甲板，還有一千公尺⋯⋯九百公尺了⋯⋯就在人們熱切期盼的目光中，突然一聲巨響，「哥德堡」號猛烈地撞擊在近海的一塊礁石上，風平浪靜的海面即刻掀起巨浪，大船頃刻間沉入了蒼茫的大海。所幸的是離岸較近，並無人員傷亡，但整船的貨物被大海吞噬了。人們哀歎、無奈，興奮的淚花瞬間變成了悲傷的淚水。走過驚濤駭浪都沒有翻沉的「哥德堡」號卻在風平浪靜中沉沒了，這成了航海史上的一個不解之謎。

整整兩百六十多年過去了，但人們對「哥德堡」號的興趣並沒有減退，對於沉船物品的打撈也一直沒有停止過。那麼，「哥德堡」號究竟從中國帶回了什麼樣的珍寶呢？

據統計，當時船上裝有的中國貨品約有七百噸，除一百噸瓷器，部分的絲

第六章　走向世俗的清代茶

第五節　「哥德堡」號商船與中國茶

綢、藤器、珍珠母和良薑等物品外，大量裝載的就是中國茶，足足有兩千六百七十七箱（相當於三百六十六噸），其數量之大令人震驚。而且由於當時中國出口的茶葉包裹十分嚴密，多用錫罐或錫紙包裝，防潮、防黴，不怕海水侵蝕，所以，據說有些茶葉從海裡打撈出來後，還能飲用，且香味猶存。

中國茶葉博物館收藏的「哥德堡」號沉船茶樣其實有兩份，一份是一九九〇年十月開館之初，由瑞典駐上海領事館總領事贈送；一份是一九九一年，瑞典首相在得知杭州已建有中國茶葉博物館後，他將此茶樣轉贈。如今，這兩份歷經滄桑的沉船茶樣靜靜地展示於博物館展廳中，向來來往往的遊客們訴說著中瑞之間茶葉商貿的往事……

加的斯

雷塞弗

開普

一葉知茶
茶文化簡史

二〇〇五年「哥德堡」號仿古船中國行路線圖

上海
廣州
雅加達
弗雷蒙特

第六章　走向世俗的清代茶

第六節　神奇的盤腸壺

民國老照片中的盤腸壺

第六節　神奇的盤腸壺

在中國茶葉博物館的茶具廳裡，有一把神奇的茶壺，你從它的一個口子倒進一碗冷水，馬上就會從另一口吐出一碗熱水，這是一把高科技的自動電茶壺嗎？其實不然，這神奇的大茶壺早在一百多年前的民國時期就有了，名字就叫作盤腸壺，又稱為「大茶炊」或「龍茶壺」。

盤腸壺一般用紫銅錘打焊接而成的，樣子比較奇特：圓滾滾的壺肚子，細把手，細彎嘴，頭上頂著兩個大煙囪，上下還各開了一個圓形的

中國茶葉博物館館藏盤腸壺

一葉知茶
茶文化簡史

孔。別看樣子怪,在當年的茶館、茶鋪裡,它可是個重要角色,肩負著日夜為茶客提供熱水的重要任務。到了盛夏酷暑時節,在人來人往的橋頭、路邊、廟宇等地也經常可以看到盤腸壺的身影。一些善心人士會在它的熱水出口下方放置一個大缸,缸裡有一個口袋,袋內裝著茶葉、青蒿梗、砂仁、荳蔻等藥材。人們從上方的冷水口加入一瓢冷水,側方的壺嘴便自動有熱水流到缸中。待缸裡的茶包慢慢滲出了茶汁,茶水就舀至缽頭中放涼。汗流浹背、口乾舌燥的行人路過此地,坐下來歇歇腳,用竹節舀起一口涼茶喝下去,勝過甘露瓊漿!

上海內山書店

據說,大文豪魯迅先生與日本友人內山完造,也曾留下過一段合作施茶的佳話。適逢一九三五年,暑熱早臨,當時魯迅先生的日本朋友內山完造在上海山陰路開了一家內山書店,眼看著門前來來往往的苦力勞動者們在豔陽底下揮汗如雨,卻連個喝水歇腳的地方都沒有,兩人一合計,決定施茶。在內山書店門口放置一口茶缸,內山負責燒水泡茶,魯迅先生則負責供應茶葉。施茶原是無償的,但內山經常發現在茶缸裡會有幾枚銅錢。起初他還以為是頑皮小孩丟進去的,後來親眼目睹人力車夫飲茶後將銅錢投進缸內,這才知道是人力車夫對他施茶的報

第六章　走向世俗的清代茶
第六節　神奇的盤腸壺

答。後來，內山在一篇題為〈便茶〉的回憶文章中記述了這次施茶之舉。

想通盤腸壺自動出水的祕密了嗎？原來，壺的內部分為兩部分，一部分貯水，一部分放燃料。中間以圓弧形銅板隔開，使水以最大面積地接觸燃燒腔，達到快速煮水的效果。柴片由壺的上方投入，柴灰可從下面的圓孔倒出。壺上方還有一個加水口，它連著一根細管一直通到壺底。加入冷水時，由於冷水的密度大，熱水的密度小，冷水就沉在壺底，燒開的沸水浮在上端。因為壺的容量有限，往裝滿熱水的壺裡再添加冷水的話，側上方的出口勢必會溢出相同體積量的熱水，這就是盤腸壺自動出水的祕密所在。

用盤腸壺燒水，不僅節約燃料，還節省勞力，大大提高了人們的勞動效率。

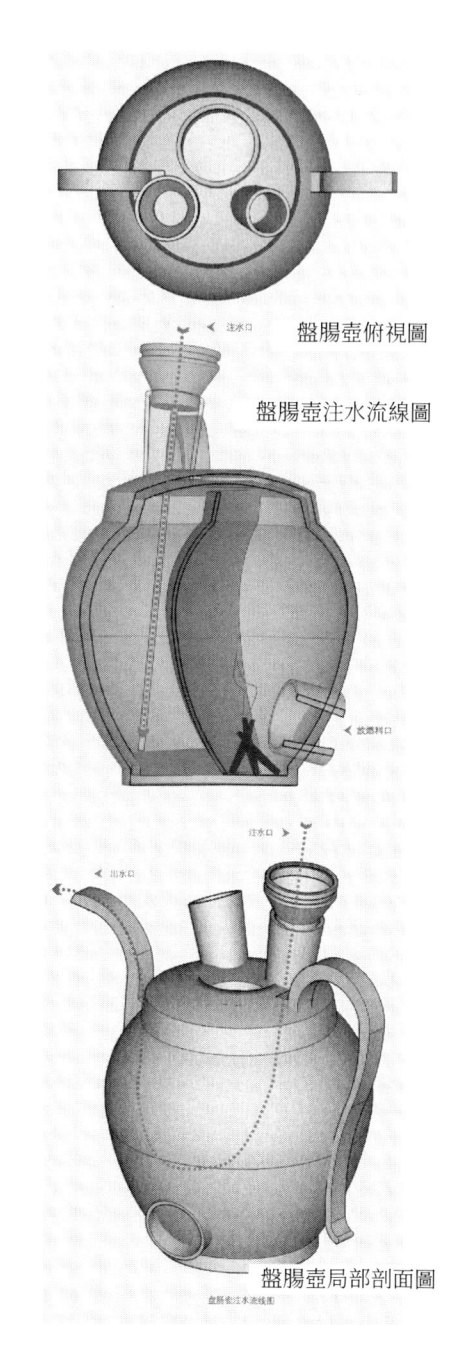

盤腸壺俯視圖

盤腸壺注水流線圖

盤腸壺局部剖面圖

一葉知茶
茶文化簡史

第七節　當代「茶聖」吳覺農的故事

一九一九年的中國，山河破敗，列強入侵。此時，來自浙江省上虞的一位年輕人，正在日本農林水產省茶葉試驗場發奮學習。懷抱著實業救國、科技興茶的強烈願望，他每天衣不解帶，目不交睫，鑽研日本先進的茶葉栽培和製造技術，收集研究世界各國的茶貿易文化史料。這位年輕人就是吳覺農，原名吳榮堂，因立志要振興農業，故改名覺農。

吳覺農根據中國古籍中有關茶的記載，引經據典，寫了《茶樹原產地考》一文，論證茶樹原產在中國：「《神農本草經》云，『茶味苦，飲之使人益思、少臥、輕身、明目』，時在西元前兩千七百多年……中國飲茶之古，於此已可概見……印度亞薩野生茶樹的發現，第一次在印度還是獨立時候的一八二六年，第二次則為印度被吞併以後。」這一篇文章引起了國際學者的重視。

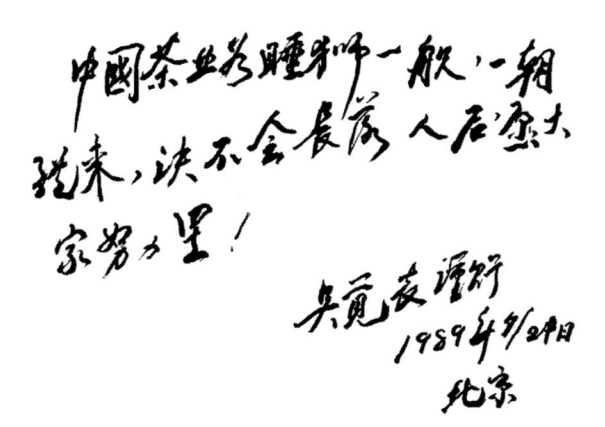

留學日本時的吳覺農

吳覺農親筆題字

第六章　走向世俗的清代茶
第七節　當代「茶聖」吳覺農的故事

不僅如此，留學歸國後，吳覺農更加積極地投身到茶葉事業中。一九三一年，他為中國制訂了第一部出口茶葉檢驗法典。一九三〇到一九三七年間，他深入浙、皖、贛、閩等主要產茶區實地考察，在東南各茶區設立茶葉改良場，推動地方茶葉生產。一九三五年，他前往印度、錫蘭（今斯里蘭卡）、印尼、日本、英國、蘇聯等國考察，寫下《印度錫蘭之茶業》、《荷印之茶業》等調查報告。甚至是到了晚年，他還不遺餘力地弘揚中國茶文化，倡議籌建中國茶葉博物館，主編了《茶經述評》、《茶葉全書》等大量茶學著作。

老年時期的吳覺農

吳覺農為中華茶業的振興兢兢業業奮鬥達七十餘年，陸定一曾在《茶經述評》的序言中寫道：「覺農先生畢生從事茶事，學識淵博，經驗豐富，態度嚴謹，目光遠大，剛直不阿。如果陸羽是『茶神』，那麼說吳覺農先生是當代中國的茶聖，我認為他是當之無愧的……」

吳覺農與浙江省茶業改良場工作人員合影　　吳覺農考察印尼茶廠

一葉知茶
茶文化簡史

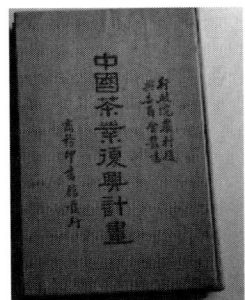

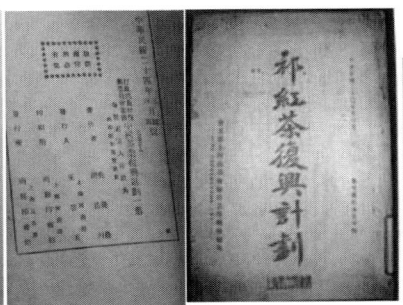

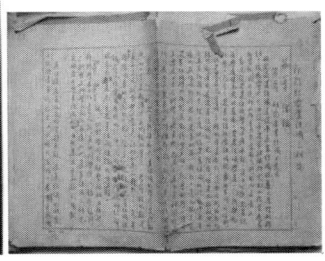

吳覺農編著的部分茶書

中國茶葉博物館內的吳覺農像

第六章　走向世俗的清代茶
第七節　當代「茶聖」吳覺農的故事

第二篇　茶事茶萃

茶樹按植株形態的不同，可分為喬木型、半喬木型和灌木型三種。喬木型茶樹植株高大，主幹明顯，多為野生，生長於雲南、貴州等省。半喬木型茶樹植株較高大，主幹較為明顯，但分枝部位離地面不高，多分布於雲南、福建等省。灌木型茶樹植株比較矮小，沒有明顯主幹，骨幹枝大部分從靠近地面根頸部長出來，呈叢生狀態，分布於浙江、江蘇等大多數茶區。

第一章　茶樹大家庭—茶樹品種及分類
第七節　當代「茶聖」吳覺農的故事

第一章　茶樹大家庭——茶樹品種及分類

　　中國西南部是茶樹的起源中心，東亞、南亞和東南亞部分地區也生長著野生的茶樹。如今，茶樹在世界上六十多個國家種植生長，是最受人們歡迎的飲料。茶樹通常是人工修剪成的八十到一百二十公分高的常綠灌木或者小喬木，根系非常發達，花一般為黃白色，直徑二點五到四公分，花瓣七到八片。在熱帶地區，也有喬木型茶樹可高達十五到三十公尺，樹圍一點五公尺以上，樹齡可達數百年至上千年。

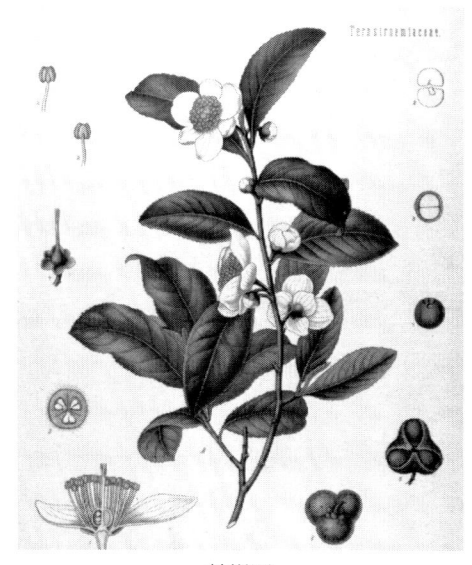

茶樹圖

　　茶樹的種子可以用來榨油，但是千萬別把它和山茶油混為一談。山茶油是取自油茶樹的種子，而油茶樹和茶樹不是同一類的植物。

　　用來製作茶葉的茶樹葉片通常含有豐富的茶多酚和咖啡因。一般來說，越嫩的茶葉顏色越翠綠，上面發亮，下面有細小的絨毛。粗老的茶葉則顏色較深。

灌木型茶樹

雲南古茶園

　　不同老嫩程度的茶樹葉片製作的茶葉品質也不相同，那是因為老的茶葉和嫩的茶葉含有的物質成分也不相同。

　　研究發現，強烈的天擇促進了茶樹抵抗生物和非生物逆境的抗病基因家族的大量成長，進而詮釋了為什麼茶樹可以在全球擴散和廣泛種植。在對大多數茶組植物和非茶組代表植物進行化學成分比較分析後，研究團隊發現，茶組植物富含茶多酚和咖啡因，且顯著高於非茶組物種，高含量的茶多酚和咖啡因決定了山茶屬植物，是否適合製茶和茶葉的風味特徵。

　　茶樹主要種植於熱帶與亞熱帶地區，南緯十六度至北緯三十度之間，年降水量在一千毫米以上的地區。喜歡溫暖濕潤的環境，適於在漫射光下生長。許多高品質的茶樹生長於海拔一千五百公尺以上的高原地區，在那裡茶樹生長得更為緩慢，製作的茶葉也更富風味。

一葉知茶
茶文化簡史

第二章　茶樹的一生

　　茶樹的生命週期很長，從種子萌芽、生長、開花、結果、衰老、更新直到死亡，要經歷數十年到數百年。由於繁殖方式不同，茶樹的一生並不完全一致。例如，有的茶樹是由種子萌發生長而成的，有的茶樹是由一小段枝條扦插發育而成的。一株茶樹的生長發育過程大致可分為四個時期：幼年期、青年期、壯年期和衰老期。

　　茶樹的種子經過選種、播種、發芽到茶苗，大概需要八九個月，逐漸長成幼齡的茶樹。在這一時期，要保持土壤疏鬆，以利於茶苗出土扎根；剛出土的茶苗生長幼嫩，需精心護理，清除雜草；茶苗生長到一定程度後要定期修剪，抑制主幹生長，多形成分枝。如此經過三個春秋，茶樹地上和地下部分分別形成不少分枝和側根，並開始出現茶花和茶果，標誌著茶樹的生長發育進入一個新的階段。

　　茶樹的青年期從茶樹開始出現花果到樹型基本定型為止，一般要經歷三到四年時間。進入青年期後，茶樹主幹向上生長開始減弱，側枝生長日益加強，分枝越來越多，樹枝已呈開張狀。同時，根系隨樹齡成長，不斷分生出多級側根，此時茶樹的開花結果日益增多，茶葉產量也迅速上升。但這時茶樹的修剪程度要稍輕，不可過多採摘茶葉。青年期是茶樹生命活動蓬勃發展的時期。

茶樹幼年期

第二章　茶樹的一生
第七節　當代「茶聖」吳覺農的故事

幼齡茶樹再經過三到四年的修剪培育，長成壯年期茶樹，並開始被人利用採摘。茶樹也會開花結果，其大多在十到十一月開花，花形較小，多呈白色，也有淡黃或粉紅的。茶籽則大約在霜降前後成熟，呈黑褐色球形或半球形，二到四粒一組由墨綠色果皮包裹。在壯年期維護得當，茶樹則可以持續生產優質茶葉十五到三十年。

茶樹青年期

茶樹衰老期從茶樹開始出現自然更新到自然死亡為止，它是茶樹生命活動中延續時間最長的一個時期，通常在百年以上。茶樹進入衰老期後，新梢生長能力衰退，樹冠分枝開始減少，細小側根開始死亡，茶葉產量和品質逐年下降，開花結果仍然較多，但結實率很低。在這一時期，除了加強肥培管理外，可對茶樹進行不同程度的修剪，促使茶樹重新形成樹冠，復壯茶樹，使茶葉品質和產量得到回升。

茶樹壯年期

一葉知茶
茶文化簡史

第三章　從茶園到茶杯──六大茶類加工

　　生長在茶園裡的茶鮮葉是如何變成茶杯中清香四溢的茶飲品的呢？其實，從茶樹新梢上採下的芽葉透過不同的加工方法，可製成不同品質特點的六大茶類：綠茶、紅茶、烏龍茶（青茶）、黃茶、白茶、黑茶。

綠茶

　　綠茶的種類很多，加工方式多樣，基本工藝可概括為殺青、揉撚和乾燥。以西湖龍井為例，主要的加工工序可以分為鮮葉攤放、青鍋、攤涼回潮、輝鍋、收灰貯藏。

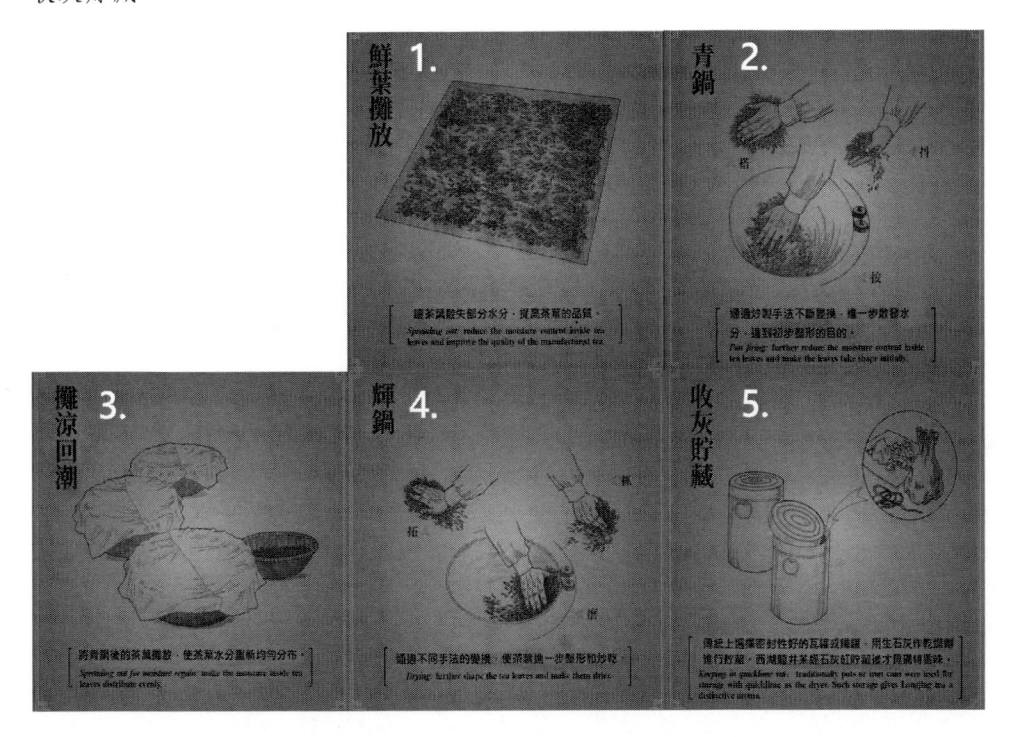

119

第三章　從茶園到茶杯—六大茶類加工
第七節　當代「茶聖」吳覺農的故事

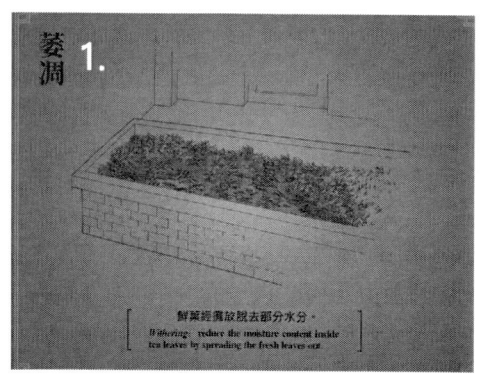

紅茶

紅茶加工的基本工藝主要是萎凋、揉撚、發酵和乾燥，其中發酵是形成紅茶品質特徵的關鍵工序。以祁門紅茶為例，主要工序分為萎凋、揉撚、解塊、發酵、乾燥。

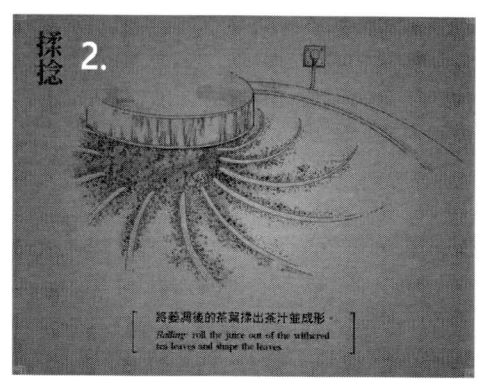

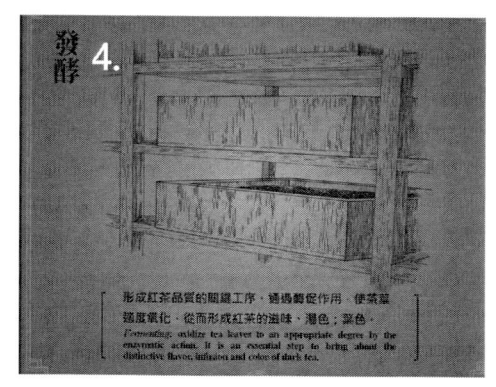

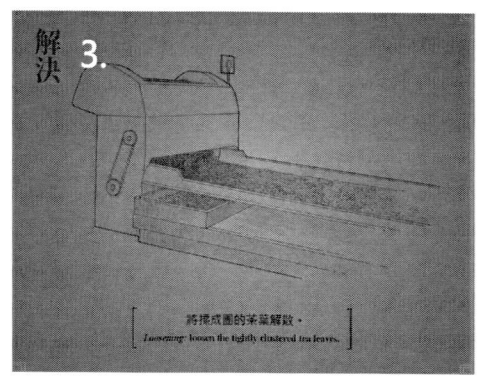

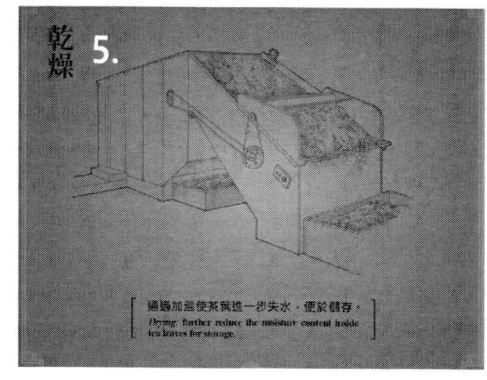

1. 萎凋：解葉靜置放脫去部分水分。
   Withering: reduce the moisture content inside tea leaves by spreading the fresh leaves out.

2. 揉撚：將萎凋後的茶葉擠出茶汁並成形。
   Rolling: roll the juice out of the withered tea leaves and shape the leaves.

3. 解決：將揉成團的茶葉解散。
   Loosening: loosen the tightly clustered tea leaves.

4. 發酵：形成紅茶品質的關鍵工序，通過酶促作用，使茶葉適度氧化，從而形成紅茶的滋味、湯色、葉色。
   Fermenting: oxidize tea leaves to an appropriate degree by the enzymatic action. It is an essential step to bring about the distinctive flavor, infusion and color of dark tea.

5. 乾燥：通過加溫使茶葉進一步失水，便於儲存。
   Drying: further reduce the moisture content inside tea leaves for storage.

一葉知茶
茶文化簡史

烏龍茶

烏龍茶加工的基本工藝有晒青、晾青、搖青、殺青、揉撚和乾燥,其加工特點結合了綠茶和紅茶的製作工藝。以武夷岩茶為例,主要加工工序為晒青、晾青、做青、殺青、揉撚、烘乾。

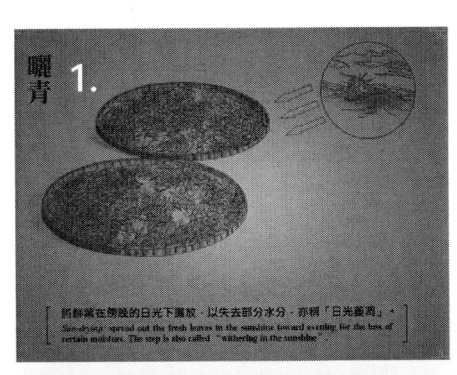

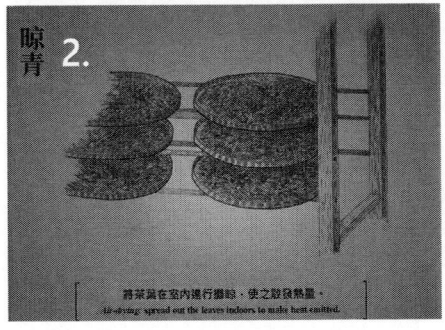

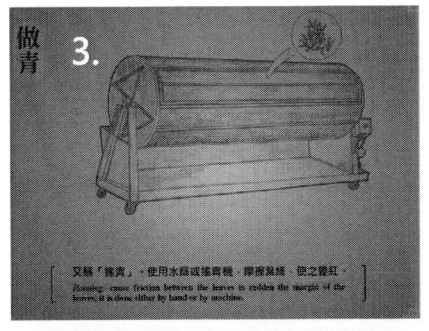

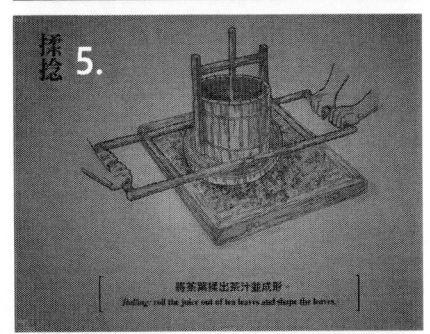

1. 曬青
將鮮葉在傍晚的日光下攤放,以失去部分水分,亦稱「日光萎凋」。
Sun-drying: spread out the fresh leaves in the sunshine toward evening for the loss of certain moisture. The step is also called "withering in the sunshine".

2. 晾青
將茶葉在室內進行攤晾,使之散發熱量。
Air-drying: spread out the leaves indoors to make heat emitted.

3. 做青
又稱「搖青」,使用水篩或搖青機,摩擦葉緣,使之變紅。
Rousing: cause friction between the leaves to redden the edges of the leaves, it is done either by hand or by machine.

4. 殺青
利用高溫破壞酵酶的活性,控制茶葉進一步氧化。
Roasting: stop the enzyme activity and the oxidation at a high temperature.

5. 揉撚
將茶葉揉出茶汁並成形。
Rolling: roll the juice out of tea leaves and shape the leaves.

6. 烘乾
先高溫快烘,後低溫慢焙,形成岩茶獨特的香味。
Drying: dry tea leaves at a high temperature for a short period of time, followed by a much longer drying at a low temperature. This step gives Yan tea distinctive aroma.

121

第三章　從茶園到茶杯—六大茶類加工
第七節　當代「茶聖」吳覺農的故事

白　茶

白茶加工的基本工藝為萎凋、乾燥，不炒不揉，加工工藝獨樹一幟。以白毫銀針為例，主要工序有萎凋、乾燥。

黃　茶

黃茶加工的基本工藝為殺青、揉撚、悶黃、乾燥，其中形成黃茶品質的關鍵工序是悶黃。以黃大茶為例，主要工序有殺青、揉撚、悶黃、乾燥。

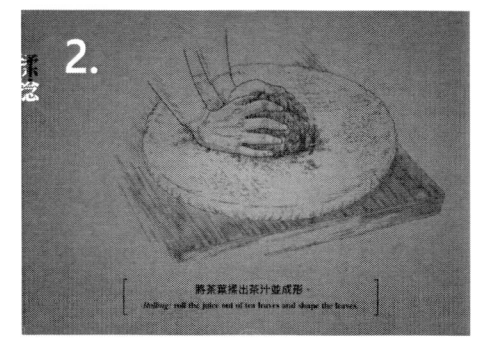

122

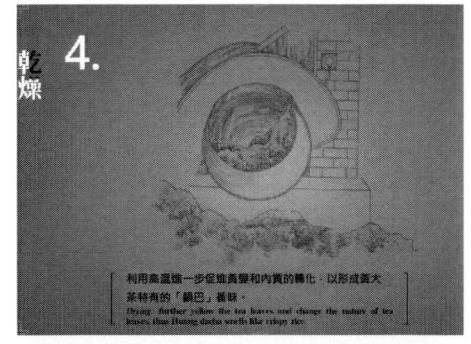

一葉知茶
茶文化簡史

[悶黃堆悶或包悶，使葉色變黃，形成黃茶特有的品質。]

[利用高溫進一步促進青變和內質的轉化，以形成黃大茶特有的「鍋巴」香味。]

黑 茶

黑茶加工的基本工藝為殺青、揉撚、渥堆、乾燥，其中關鍵工序是渥堆。以雲南普洱為例，主要工序為殺青、揉撚、晒青、渥堆、乾燥。

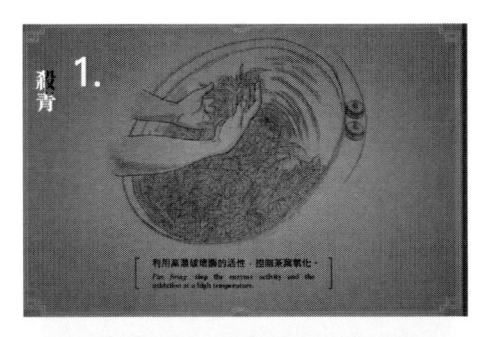

[利用日光，將潮濕曬乾，曬製茶葉水量10%左右。]

[利用高溫破壞酵素的活性，控制茶葉氧化。]

[將茶葉聚擁勻堆，澆水使其吸收水分，再把茶葉堆成一定厚度，自然發酵後，茶葉色澤變褐，形成特殊的醇香味。]

[將茶黃揉擠出茶汁使成形。]

[將茶葉攤放、散發水分、自然風乾。]

123

第三章　從茶園到茶杯─六大茶類加工

第七節　當代「茶聖」吳覺農的故事

要了解茶葉的製作，我們首先需要知道一些基礎的製茶概念。比如我們常說的紅茶的發酵。在製茶過程中，有時茶葉會發生一系列的化學變化，不同的製茶技術會產生不同的化學變化，從而製成品質不同的茶類。紅茶製作工序中，葉片的細胞內含物發生了很複雜的變化，主要是氧化，茶葉中所含的物質發生氧化反應，改變了茶葉的本質，同時葉綠素也被破壞，顏色變淺，改變鮮葉原本的品質，使其色香味都發生了改變。發酵使得茶葉的色澤變深，沖泡後的茶湯顏色變得紅豔，所以被稱為紅茶。發酵後的紅茶呈現紅葉紅湯的品質特徵，香氣得到了提升，同時去除了茶葉的苦澀。在發酵之前，茶葉需要經過揉撚的工序，透過破壞葉組織，把細胞的內含物擠出來，在酶促作用下，使主要的多酚類化合物在短時間內迅速地發生氧化反應。

烏龍茶做青是要獲得乾茶青色、湯色橙黃和特有的香味，要求細胞內含物僅局部氧化，只輕微地擦破葉片邊緣，在相當時間內較慢的氧化，僅僅是葉緣部分變色顯露，形成「綠葉紅鑲邊」的品質特徵。

黑茶渥堆要獲得乾茶褐綠色，湯色黃褐，細胞內含物發生變化，或固定一部分內含物不變化或少變化。先殺青破壞酶促作用，後揉撚破壞葉組織，擠出內含物，在相當長的時間內緩慢氧化，也是局部的遲緩質變，一部分物質已在殺青時固定下來。

黃茶悶黃要獲得乾茶黃色，茶湯黃色。先殺青破壞酶的活化，而後悶黃，使葉綠素徹底破壞。

在製茶過程中，有酶的催化反應，也有熱物理反應、自動氧化反應和微生物的催化反應。

酶的催化反應即酶促作用，它影響各類茶的製作，只是影響程度的大小不同而已，特別是紅茶發酵、烏龍茶做青和白茶萎凋過程中，酶促反應有很重要的作用。

在製茶過程中，熱化作用是茶葉品質生成的主要動力，均勻地調節水分與溫度，提高水分與溫度的催化作用，促使茶葉中各物質的相互作用。乾熱和濕熱

一葉知茶
茶文化簡史

的作用不同,除白茶用光熱作用外,其他各類茶的製作中乾熱與濕熱並用,殺青和乾燥都是製茶過程中的熱化作用,黑茶的渥堆和黃茶的悶黃也是熱化作用。

真菌類的微生物含有氧化酶,能促進氧化作用。在壓製黑茶前,原料先經過蒸軟,壓造後經過相當長時間的定型或低溫乾燥過程。在這期間,因蒸汽使茶葉濕潤,微生物得以滋生繁殖,促進氧化作用,形成黑茶。

第四章　茶藝初探

第一節　綠茶茶藝—西湖龍井茶藝

第四章　茶藝初探

　　中國豐富的茶類決定了中國茶文化的繁盛多彩。中國的茶文化既不同於歐美等國以下午茶等形式為主的調飲茶文化，也不同於日本、韓國以綠茶為主的單一種類的茶文化，而是形成了不同民族、不同地區、不同歷史時期的豐富多彩的茶文化表現形式——中國茶藝。

　　根據茶藝主體的社會階層，茶藝可以分為宮廷茶藝、文士茶藝、民俗茶藝以及宗教茶藝。以茶為主體來分，又可分為綠茶茶藝、紅茶茶藝、烏龍茶（青茶）茶藝、黃茶茶藝、白茶茶藝以及黑茶茶藝六類，花茶和緊壓茶雖然屬於再加工茶，但在茶藝中也常用。所以以茶為主體來分類，茶藝至少可分為八類。

　　下面分別以西湖龍井、祁門紅茶、安溪鐵觀音為例，來介紹綠茶、紅茶和烏龍茶的茶藝。

第一節　綠茶茶藝——西湖龍井茶藝

　　西湖龍井茶是綠茶中最有特色的茶品之一，位列中國十大名茶之一，具有一千兩百多年歷史。龍井茶扁平挺秀，葉底細嫩，芽葉成朵，翠綠微黃，以「色綠、香鬱、味醇、形美」四絕著稱。龍井茶泡以虎跑水，清冽甘醇，回味無窮，堪稱「西湖雙絕」。

一葉知茶
茶文化簡史

器皿
透明玻璃杯、水壺、清水罐、水勺、賞泉杯、賞茶盤、茶匙、乾淨的硬幣等。

第一道：初識仙姿
優質龍井茶，通常以清明前採製的為最好，稱為明前茶；穀雨前採製的稍遜，稱為雨前茶；而穀雨之後的就非上品了。元人虞集曾有「烹煎黃金芽，不取穀雨後」之語。

第二道：再賞甘霖
沖泡龍井茶必用虎跑水，如此才能茶水交融，相得益彰。虎跑泉的泉水是從砂岩、石英砂中滲出，將硬幣輕輕置於盛滿虎跑泉水的賞泉杯中，硬幣置於水上而不沉，水面高於杯口而不外溢，表明該水水分子密度高，表面張力大，碳酸鈣含量低。

第三道：靜心備具
沖泡頂級綠茶要用透明無色的玻璃杯，以便更好地欣賞茶葉在水中上下翻飛、翩翩起舞的仙姿，觀賞碧綠的湯色、細嫩的茸毫，領略清新的茶香。把水注入將用的玻璃杯，以便清潔杯子並為杯子增溫。茶是聖潔之物，泡茶人要有一顆聖潔之心。

備具

第四章　茶藝初探
第一節　綠茶茶藝─西湖龍井茶藝

第四道：悉心置茶

「茶滋於水，水藉乎器。」茶與水的比例適宜，沖泡出來的茶才不失茶性，充分展示茶的特色。一般來說，茶葉與水的比例為一比五十，即一百毫升容量的杯子放入兩克茶葉。用茶則輕取茶葉，每杯用茶兩三克左右。置茶要心態平靜，防止茶葉掉落在杯外，以示敬茶惜茶的茶人修養。

撥茶

賞茶

試泉

溫杯

溫杯

投茶

一葉知茶
茶文化簡史

第五道：溫潤茶芽

採用迴旋斟水法向杯中注水少許，以四分之一杯為宜，溫潤的目的是浸潤茶芽，使乾茶吸水舒展，為下一步的沖泡做準備。

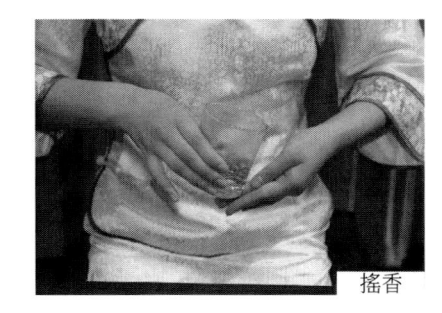

浸潤

搖香

第六道：懸壺高沖

溫潤的茶芽已經散發出一縷清香，這時高提水壺，讓水直瀉而下，接著利用手腕的力量，上下提拉注水，反覆三次，讓茶葉在水中翻動。這一沖泡手法，雅稱「鳳凰三點頭」，不僅能對茶葉進行充分沖泡，展示沖泡者的優美姿態，更是表達了對客人和茶的敬意。

沖泡

奉茶

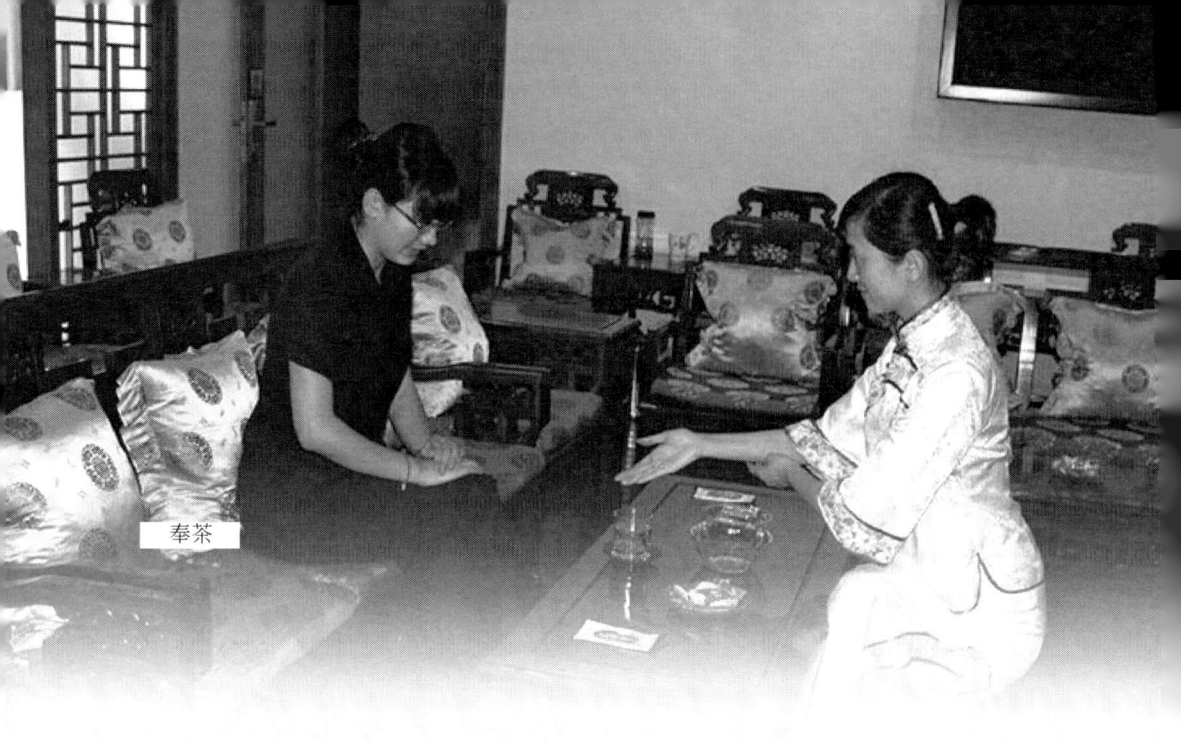

第七道：甘露敬賓

客來敬茶是中國的傳統習俗，也是茶人所遵從的茶訓。將自己精心泡的清茶與新朋老友共賞，共同領略這大自然賜與的綠色精英，也正是茶人的快樂。

第八道：辨香識韻

龍井是茶中珍品，其色澄清碧綠；其形交錯相映，上下沉浮；聞其香，則是香氣清新醇厚；細品慢啜，更能體會齒頰留芳、甘澤潤喉的感覺。

第九道：再悟茶語

綠茶大多沖泡三次，以第二泡的色香味最佳。因此，當客人杯中的茶水見少時，要及時為客人添注熱水。龍井茶初品時會感清淡，需細細體會，慢慢領悟。

第十道：相約再見

魯迅先生說過：「有好茶喝，會喝好茶，是一種清福 。」

一葉知茶
茶文化簡史

第二節　紅茶茶藝——祁門紅茶茶藝

　　祁門紅茶產於安徽省祁門縣山區，為世界三大著名紅茶之一。該茶採製工藝精細，不用人工色素，外形整齊劃一，味道濃郁強烈、醇和鮮爽，異於一般紅茶，極有特色，曾多次榮獲國際大獎。

　　器皿：

　　瓷質茶壺，青花或白瓷茶杯，白瓷賞茶盤或茶荷，茶巾，茶匙，茶盤，熱水壺及酒精爐。

備具

131

第四章　茶藝初探
第二節　紅茶茶藝—祁門紅茶茶藝

第一道：溫壺杯

將初沸之水注入瓷壺及杯中，為壺和杯升溫。

滌器

滌器

第二道：撥茶

用茶匙將茶荷或賞茶盤中的紅茶輕輕撥入壺中。

投茶

洗茶

洗茶

一葉知茶
茶文化簡史

第三道：懸壺高沖

懸壺高沖是沖泡紅茶的關鍵，100℃的水溫正好適宜沖泡。高沖可以讓茶葉在水的衝擊下充分浸潤，以利於紅茶色、香、味的充分發揮。

沖泡

出湯

第四道：分杯

用迴圈斟茶法，將壺中之茶均勻地分入每一杯中，使杯中之茶的色、味一致。

分茶

奉茶

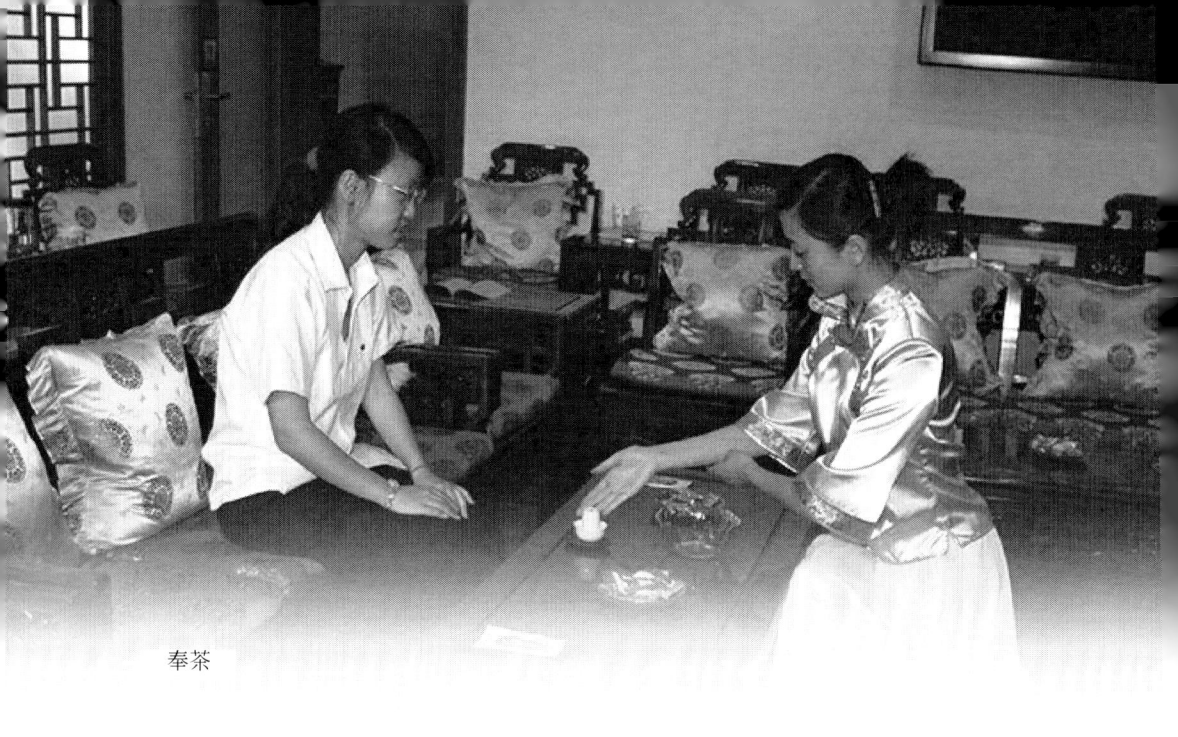

第五道：聞香

祁門紅茶是世界公認的三大高香茶之一，其香濃郁高長，有「茶中英豪」、「群芳最」之譽，香氣甜潤中蘊藏一股蘭花之香，可謂香中有味、味中有香。

第六道：觀賞

祁門紅茶的湯色紅豔，外延有一道明顯的「金圈」，茶湯的明亮度和顏色表明紅茶的發酵程度和茶湯的鮮爽度。

第七道：品味

聞香觀色後即可緩啜慢飲。祁門紅茶味道鮮爽濃醇，回味綿長，與紅碎茶濃強的刺激性口感有所不同。紅茶通常可沖泡三次，三次的口感各不相同，細飲慢品，可體味茶之真味，得到茶之真趣。

一葉知茶
茶文化簡史

第三節　烏龍茶茶藝——安溪鐵觀音茶藝

鐵觀音因有「美如觀音重似鐵」之說，而得「鐵觀音」之名。優質安溪鐵觀音的特點是茶條捲曲、壯實、沉重，呈青蒂綠腹蜻蜓頭狀；色澤鮮潤，砂綠顯紅點，葉表帶白霜；湯色金黃，濃豔清澈；香氣清冽，郁香持久；滋味濃郁，回味甘醇；葉底肥厚明亮，具綢面光澤，邊緣呈朱紅色，中間呈墨綠色，有「清蒂、綠腹、紅鑲邊、三節色」之說。

器皿：

紫砂壺，紫砂茶杯，聞香杯，茶海，白瓷賞茶盤或茶荷，茶匙，電加熱壺，茶巾。

備具

第四章　茶藝初探

第三節　烏龍茶茶藝—安溪鐵觀音茶藝

第一道：賞茶——葉酬嘉客

將安溪鐵觀音置於白瓷賞茶盤中欣賞。

賞茶

第二道：燙壺——孟臣靜心

向壺內注入沸水，可將壺提起，用茶巾托住壺底微微搖動，從而使壺內溫度均勻。

洗壺

第三道：溫杯——高山流水

此步像高山流水一般，將燙壺時的壺中之水倒入茶杯，進行溫杯。

溫杯

第四道：投茶——烏龍入宮

用茶匙將賞茶盤中的茶投入壺中。

投茶

一葉知茶
茶文化簡史

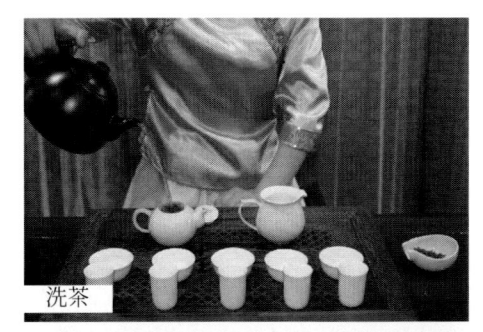

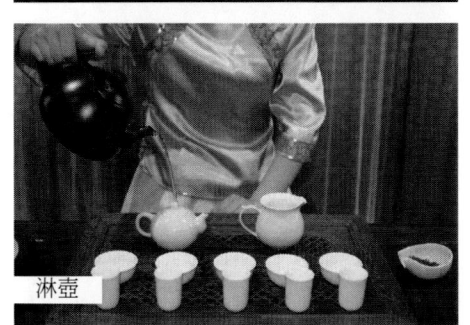

洗茶

刮沫

淋壺

洗杯

第五道：沖水——芳草回春

用迴旋注水法將沸水注入壺中。

第六道：倒茶——分承玉露

將壺中沖泡的第一道茶湯均勻分倒入聞香杯中。

第七道：二沖水——懸壺高沖

再次向紫砂壺中沖入沸水，沖至溢。

第八道：刮沫——春風拂面

用紫砂壺蓋刮去壺水面上的茶沫。

第九道：淋壺——滌盡凡塵

用沸水淋壺，以提高紫砂壺表面的溫度。

第十道：養壺——內外養身

用第一泡倒在聞香杯中的茶湯沐淋壺身，使茶壺內外兼修，也可使觀者得到美的享受。

第十一道：聽泉——遊山玩水

將品茗杯中第一次倒入的用以溫杯的水倒出。在用左手握持毛巾，右手提起紫砂壺輕輕擦拭壺底的水痕。

第四章　茶藝初探
第三節　烏龍茶茶藝—安溪鐵觀音茶藝

第十二道：二泡——芳華殆盡

此步有兩個重要的動作：一是「關公巡城」，二是「韓信點兵」。「關公巡城」是將二泡茶湯迴圈分別注入聞香杯中；「韓信點兵」是將壺裡剩餘的茶湯平均注入每個聞香杯中，讓每一杯茶湯濃淡均勻。

出湯 　　　　　　　　　　　　　　　分茶

第十三道：請茶——功夫茶藝

此步有三個關鍵動作，分別是「乾坤倒轉」、「高屋建瓴」和「物轉星移」。「乾坤旋轉」是指將品茗杯向下翻轉；「高屋建瓴」是指將翻轉的品茗杯扣在聞香杯上；「物轉星移」是指將扣好的品茗杯和聞香杯一起翻轉，變為聞香杯扣在品茗杯之上。

倒轉乾坤 　　　　　　　　　　　　　奉茶

一葉知茶
茶文化簡史

第十四道：溫香——空谷幽蘭

將聞香杯拿起，用手掌來回搓動聞香杯聞香氣。

第十五道：賞湯——鑒賞茶湯

用「三龍護鼎」的指法端起茶湯鑒賞，可見鐵觀音湯色金黃。

聞香

第十六道：品茶——供品佳茗

用「三龍護鼎」的指法端起品茗杯品飲茶湯，可品出鐵觀音入口回甘帶蜜甜，香味馥鬱持久，並帶有淡淡蘭花香。

品茗

　　除了這些傳統茶藝形式，近年來由於各大中小學校課外技能學習的興起，茶藝成為了廣受學校和學生喜愛的學習內容。一方面在於中國茶文化博大精深，學習的內容很豐富，各大產茶區都有獨特的茶文化傳統和歷史知識可供課堂講授，而非產茶區的飲茶習俗和傳統也各有千秋。

　　另一方面，茶藝學習可以培養孩子們的動手能力和創造能力，從茶具的選擇擺放、茶類的品鑒、茶席的設計到茶藝的展示，都是每一個參與到其中的孩子們自己體驗、自主學習的過程。

第四章　茶藝初探
第三節　烏龍茶茶藝—安溪鐵觀音茶藝

一葉知茶
茶文化簡史

茶葉博物館開展的「小小茶藝師」夏令營

第五章　茶與健康
第三節　烏龍茶茶藝—安溪鐵觀音茶藝

第五章　茶與健康

　　根據歷史傳說，茶的健康功效由來已久。早在神農時代，茶就被作為解毒的藥草，說明在當時，或者說茶早期的利用階段，人們對茶的認識是偏向於藥用價值的。《神農本草》中就記載了：「神農嘗百草，日遇七十二毒，得茶而解之。」人們長期的飲茶實踐充分證明，飲茶不僅能增進營養，而且能預防疾病，更具有良好的延年益壽、強身健體的作用。在中國古代，茶常常被當作藥物使用，在中國傳統醫藥學中，茶作為單方或複方入藥是十分常見的。

　　首先，在古代缺乏可靠水源的時代條件下，把水煮開泡茶顯然可以降低飲用生水所帶來的致病隱患。就算到了現在，在某些無法保證飲用水安全的地區，喝燒開的水也遠比直接飲用生水要安全得多。

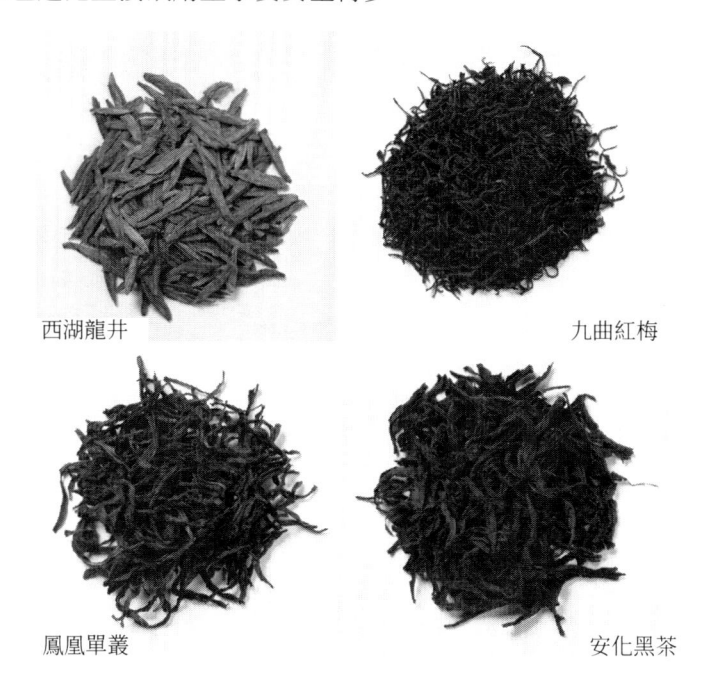

西湖龍井　　　　　　　　　　　　九曲紅梅

鳳凰單叢　　　　　　　　　　　　安化黑茶

一葉知茶
茶文化簡史

不同茶類茶湯

其次，茶葉本身富含多種對人體有益的物質。比如，綠茶富含茶多酚、氨基酸、咖啡鹼、維生素 C 等，具有抗氧化、抗輻射、抗癌、降血糖、降血壓、降血脂、抗病毒、消臭等保健作用。而紅茶在各類茶中具有最高的氟含量，可以幫助防治齲齒效果。紅茶中的聚合物也具有很強的抗氧化性，具有抗癌、抗心血管病等非凡作用。

烏龍茶屬於半發酵茶，加工工藝特殊，介於綠茶與紅茶之間，被認為具有防蛀牙、防癌、延緩衰老等作用。白茶是發酵程度最低的茶，多數屬於萎凋和風乾形成。在中醫藥性上，白茶是比較偏涼的，所以具有防暑、解毒和治牙痛等作用。黑茶屬於後發酵茶，有消滯、開胃、去膩、減肥等作用，並且在降脂、降膽固醇、抗癌等方面的功效要優於其他茶類。

隨著現代人們生活水準的不斷提高，以及生活節奏加快所帶來的亞健康問題，茶所能帶給人們的健康雅致生活越來越受到人們的歡迎，茶也越來越成為大眾生活中不可或缺的健康飲品。茶的保健養生功效和其中豐富的文化內涵是人

第五章　茶與健康
第三節　烏龍茶茶藝─安溪鐵觀音茶藝

們喜愛飲茶的基本理由，如何科學、健康地飲茶，也成為了眾多飲茶愛好者關心的話題。

中醫將食物分為熱性、涼性和溫性，六大基本茶類因為製作工序的不同，也被劃到不同的類別裡。飲茶四季有別，春飲花茶，夏飲綠茶，秋飲青茶，冬飲紅茶。其道理在於：春季，人飲花茶，可以散發一冬積存在人體內的寒邪，濃郁的花香能促進人體陽氣發生；夏季以飲綠茶為佳，因為綠茶性味苦寒，可以清熱、消暑、解毒、止渴、強心；秋季飲青茶為好，因為此茶不寒不熱，能消除體內的餘熱，恢復津液；冬季飲紅茶最為理想，因為紅茶味甘性溫，含有豐富的蛋白質，能助消化，補身體，使人體強壯。

一葉知茶
茶文化簡史

第六章　茶的用處真不少

　　隨著科學技術發展，茶中蘊含的營養成分和藥效成分不斷被開發利用。琳琅滿目的茶葉深加工產品，有袋泡茶、即溶茶、低咖啡因茶、茶飲料等，還有茶內含物的提取物，如茶多酚、茶氨酸、生物鹼、茶皂素、茶多糖等，廣泛應用在保健、醫療、化工等領域。除此之外，茶葉還有許多其他的妙用。

　　製作茶葉枕。用過的茶葉不要廢棄，攤在木板上晒乾，積累下來，可以用作枕頭芯。據說，因茶性屬涼，故茶葉枕可以清神醒腦，提升思維能力。

茶葉枕

　　驅蚊。將用過的茶葉晒乾，在夏季的黃昏點燃，可以驅除蚊蟲，和蚊香的效果相同，而且對人體絕對無害。

驅蚊

第六章　茶的用處真不少
第三節　烏龍茶茶藝—安溪鐵觀音茶藝

幫助花草發育與繁殖。沖泡過的茶葉仍有無機鹽、碳水化合物等養分，堆掩在花圃或花盆裡，能幫助花草的發育與繁殖。

殺菌治腳氣。茶葉裡含有多量的單寧酸，具有強烈的殺菌作用，尤其對致腳氣的絲狀菌特別有效。所以，患腳氣的人每晚將茶葉煮成濃汁來洗腳，日久便會不治而愈。不過煮茶洗腳，要持之以恆，短時間內不會有顯著的效果。而且最好用綠茶，經過發酵的紅茶其單寧酸的含量就少得多了。

消除口臭。茶有強烈的收斂作用，時常將茶葉含在嘴裡，便可消除口臭。常用濃茶漱口，也有同樣功效。如果不擅飲茶，可將茶葉泡過之後，再含在嘴裡，可減少苦澀的滋味，也有一定的效果。

護髮。茶水可以去垢滌膩，所以洗過頭髮之後，再用茶水洗滌，可以使頭髮烏黑柔軟，富有光澤，而且不會傷到頭髮和皮膚。

洗滌絲質衣物。絲質品的衣服最怕化學清潔劑，如果用泡過的茶葉煮水來洗滌，便能保持衣物原來的色澤而光亮如新。用茶葉水洗尼龍纖維的衣服，也有同樣的效果。

煮牛肉時除了放入各種調味品，還可以再加一小布袋普通茶葉，同牛肉一起燒，不但牛肉熟得快，而且味道清香。

把晒乾的廢茶葉裝在尼龍襪子內，然後塞進有臭味的鞋子內，能吸收鞋內水氣，去除臭味。

用五十克花茶裝入紗布袋中放入冰箱，可除去異味。一個月後，將茶葉取出放在陽光下曝晒，再裝入紗布袋，可反覆用多次，除異味效果好。

消除口臭

除冰箱異味

第三篇　繽紛茶俗

茶俗是民間風俗的一種，是不同地區傳統文化的積澱，有較明顯的地域特徵和民族特徵。茶俗以茶事活動為中心貫穿於社會生活之中，並且在傳統的基礎上不斷演變，成為文化生活的一部分，內容豐富，各具風采。

第一章　各具特色的民族茶

「千里不同風，百里不同俗。」中國地域遼闊，民族眾多，由於各兄弟民族所處的地理環境不同，歷史文化有別，生活習慣各異，因此，飲茶的習俗也千差萬別，各具特色。在此基礎上形成的民族茶文化生動多元、絢麗多彩，不僅是中華茶文化的重要組成部分，也是中華民族寶貴的精神財富和文化遺產。

西藏大昭寺內文成公主金像

第一節　藏族酥油茶

古老神祕的藏族是中國五十五個少數民族之一，主要聚居於青藏高原，在四川、甘肅、雲南等省也有分布。為了適應嚴寒、缺氧、乾旱的高原氣候，藏族同胞形成了獨特的生活方式和飲食習慣，他們多以放牧和種植旱地作物為生，常年以奶、肉、糌粑為主食，蔬菜、瓜果較少。為了化解乳肉的油膩，平和青稞的燥熱，補充日常缺乏的維生素等，藏民養成了以茶佐食的習慣，茶成了藏民的生活必需品，甚至有著「寧可三日無糧，不可一日無茶」之說。

一葉知茶
茶文化簡史

藏族飲茶主要有酥油茶、奶茶、鹽茶、清茶等幾種形式,其中酥油茶是喝得最多最普遍的一種。據說這酥油茶的發明還和文成公主有關。傳說公主初入吐蕃,不習慣青稞乳酪,日不離茶。有一天,她煮好茶後突發奇想,嘗試著把吐蕃常見的酥油、奶汁和茶混合在一起,並命人不斷用力攪拌,結果發現茶和酥油、奶汁竟然融合了,製得的酥油茶奶香濃郁、鹹爽可口、滑而不膩,喝了以後,既可暖身禦寒,又能補充營養,所以很快就在藏族百姓間推廣流行開來。為了感謝公主的創舉,人們還編了一首歌:「酥油本產吐蕃,大唐馱來茶葉,茶乳交融酥油茶,贊普與公主有緣。」

藏族飲酥油茶
(引自《中國——茶的故鄉》)

藏族飲茶習俗
(引自《中國——茶的故鄉》)

今天,酥油茶仍是藏鄉群眾日常生活所必需的一種飲料,也是藏族人民待客、禮儀、祭祀等活動不可或缺的用品,其製作方法也一脈相承,保留著原汁原味。茶是邊銷的磚茶,用銅鍋熬成濃濃的茶汁,酥油是從新鮮牛羊奶裡提煉的脂肪,鹽多是藏區特產的鹽湖鹽,把這三者依次加入木製的酥油茶桶(藏語中叫「甲董」)中,然後手握木棍(藏語中叫「甲羅」)用力上下抽打,直到茶乳交融,然後倒進鍋裡加熱,一碗噴香可口的酥油茶就製作好了。

第一章　各具特色的民族茶
第一節　藏族酥油茶

都說不喝酥油茶，就不算到過西藏。其實，喝酥油茶還有一套規矩。

來到藏家做客，好客的主人通常都會在客人面前擺上一個木碗（或瓷碗），然後提起酥油茶壺輕輕搖晃幾下，使茶油勻稱，再給斟上滿滿一碗酥油茶。一般倒茶時，壺底不能高過桌面，以示對客人的尊重。剛倒下的酥油茶，客人不能馬上喝，而是要先和主人聊天，當主人再次提過酥油茶壺站到客人面前時，客人才能端起碗，先在酥油碗裡輕輕地吹一圈，將浮在茶上的油花吹開，然後喝上一口，並讚美道：「這酥油茶打得真好，油和茶分都分不開。」飲茶不能太急太快，不能一飲到底，通常喝一半，留一半左右，等主人添上再喝。就這樣，邊喝邊添，一般以喝三碗為吉利。熱情的主人總會將客人的茶碗添滿，如果你不想再喝，就不要動它，當準備告辭時，可以連著多喝幾口，但不能喝乾，碗裡要留點茶底，才符合藏族的習慣和禮貌。

由於藏族喝茶有著比其他民族更重要的作用，所以，不論男女老少，達到人人皆飲的程度，每天喝茶最多的可達二十碗左右。很多人家把茶壺放在爐上，終日熬煮，一些喇嘛寺廟也常備特大的茶鍋煮茶施茶，正因如此，常年來西藏的年人均茶葉消費量一直位居全國前列。

一葉知茶
茶文化簡史

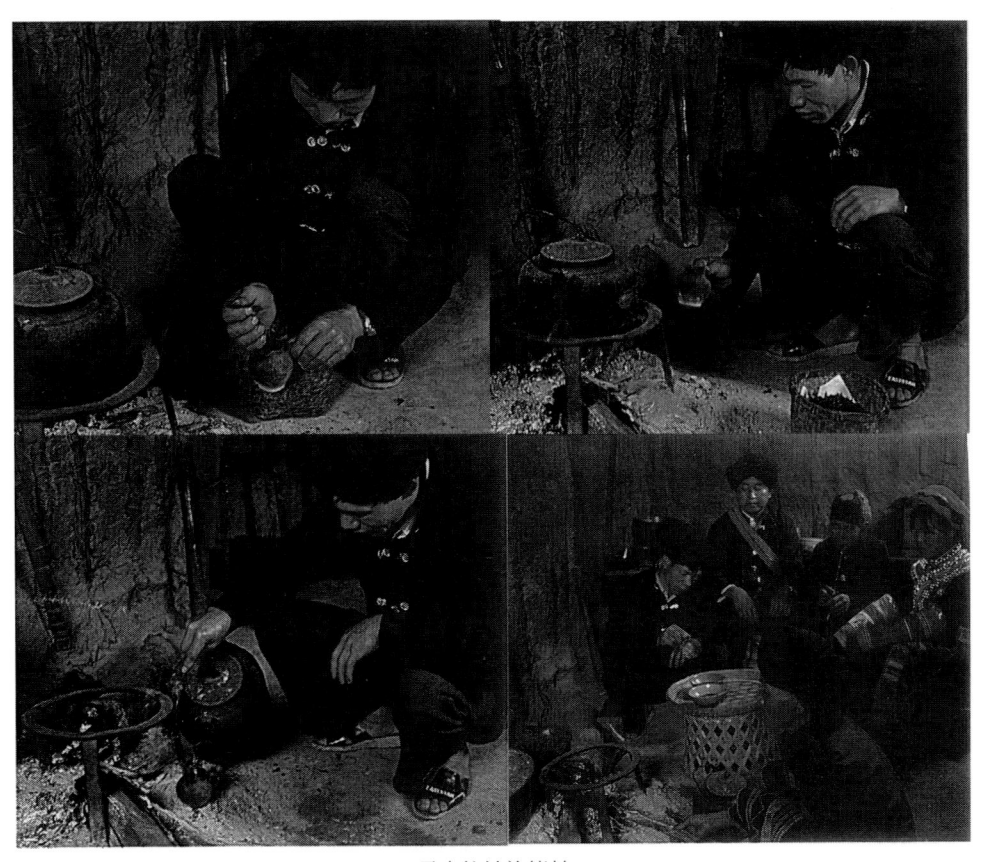

雲南拉祜族烤茶

第二節　白族三道茶

　　白族散居在中國西南地區，主要分布在雲南省大理白族自治州。大理自古產茶，早在先秦時期，哀牢山、蒼山等地就有茶葉出產，所以白族人飲茶的習俗由來已久。

第一章　各具特色的民族茶

第二節　白族三道茶

　　走進傳統的白族人家，撲鼻而來的是烤茶的香味。與雲南地區的其他少數民族（如彝族、佤族、哈尼族、拉祜族等）類似，烤茶是白族百姓日常生活中最為流行的飲茶方式。其製作方法是先將特製的小陶罐放在火塘上烤熱，然後放上一把茶葉（茶鮮葉或經初製的毛茶），邊烤邊抖，使茶葉受熱均勻，待到葉色焦黃、茶香四溢時，沖入少許沸水，這時，罐內泡沫沸湧，同時發出雷鳴似的響聲，白族人認為這是吉祥的象徵，所以此茶也叫「響雷茶」。等到泡沫散去，再加入些開水，即可飲用。響雷茶茶汁苦澀，但回味無窮，在祛濕降暑、消食解膩方面有獨特的療效。

雲南白族三道茶

　　如遇逢年過節、生辰壽誕、男婚女嫁、貴客臨門等喜慶場合，白族人會以更加隆重的茶禮來款待賓客，這便是著名的「白族三道茶」。

　　三道茶，也稱三般茶，白語中叫「紹道兆」，它是在傳統白族烤茶的基礎上加以創新和規範，融入了生活哲理和美好祝願的一種飲茶禮俗，以獨特的「一苦、二甜、三回味」所為人津津樂道。

　　第一道「苦茶」。苦茶的製備方法與前述響雷茶的製備方法一致，只是飲用的方式大有講究。小陶罐中備得的茶汁需傾倒入一種名為牛眼睛盅的小茶杯裡，敬獻給賓客。由於白族人認為「酒滿敬人，茶滿欺人」，所以此時斟茶只斟半杯。當主人用雙手把苦茶敬獻給客人時，客人也必須雙手接茶，並一飲而盡。這頭道茶經過烘烤、煮沸，茶湯色如琥珀，焦香撲鼻，但滋味苦澀，故而謂之苦

一葉知茶
茶文化簡史

茶。它寓意「要想立業，必先吃苦」。

第二道「甜茶」。當客人喝完第一道茶後，主人會在小陶罐中重新烤茶置水（也有用留在陶罐中的第一道茶重新加水煮的）。與此同時，把喝茶用的牛眼睛盅換成小碗或普通茶杯，並在杯中放入紅糖和核桃仁，沖茶至八分滿後，敬於客人。這道茶香甜爽口，濃淡適中，寓意「人生在世，無論做什麼，都只有吃得了苦，才會有甜」。

第三道「回味茶」。其煮茶方法與前兩次相同，只是茶碗中放的原料已換成適量蜂蜜，若干粒花椒，少許炒米花或一些烤黃的乳扇（用牛奶做的特色食品），茶容量通常為六七分滿。飲第三道茶時，一般是一邊晃動茶盅，使茶湯和佐料均勻混合，一邊口中「呼呼」作響，趁熱飲下。這杯茶，喝起來甜、酸、苦、辣，各味俱全，回味無窮。它告誡人們，凡事要多「回味」，切記「先苦後甜」的哲理。

白族的三道茶最初只是長輩對晚輩求學、學藝、經商以及新女婿上門時的一種禮俗，所以一般由家中或族中最有威望的長輩親自司茶。今天，隨著社會的發展和生活的提高，白族三道茶的形式和用料已有所改變，但「一苦、二甜、三回味」的基本特點依然如故，而且與白族歌舞、曲藝有機地結合，成為獨特的表演形式，成了大理地區旅遊的保留節目。

雲南白族三道茶

第一章　各具特色的民族茶
第三節　土家族擂茶

第三節　土家族擂茶

　　土家族是一個歷史悠久的少數民族，他們世代居住在湘、鄂、渝、黔交界的武陵山區一帶，這裡古木參天，景色宜人。千百年來，獨特的歷史文化背景以及相對閉塞的資訊交通條件，使得土家族人至今還保留著一種古老而奇特的飲茶方式，那便是擂茶。

　　擂茶又名「三生湯」，因其主要用生葉（茶樹鮮葉）、生薑、生米三種生原料加水烹煮而成，故而得名。它還有一個名字叫五味湯。據《桃源縣志》記載：「擂茶合茶、薑、芝麻、鹽、茱萸，以陰陽水和飲之，一名五味湯，相傳馬援製以避瘟。」馬援，即東漢伏波將軍馬援。相傳東漢初年，他曾奉命出征武陵，途徑烏頭村，時值盛夏，酷熱難熬，加之瘴氣漫起，瘟疫流行，將士病倒大半，馬將軍自己也染病臥床不起。他只得下令軍隊駐紮山邊，一面派人尋醫求藥，一面派將士幫助百姓耕種。村中有位老媽媽見馬家軍兵行有紀，雞犬不驚，很受感動，便獻出祖傳祕方，研製成擂茶讓將士們每日服用。不幾天，染病的將士個個

中國茶葉博物館茶藝隊擂茶表演

一葉知茶
茶文化簡史

中國茶葉博物館茶藝隊擂茶表演器具

康復,瘟疫再也沒有蔓延。從此,擂茶的名聲大振,廣為流傳。

製作擂茶最重要的工具就是擂缽和擂棍。前者是一種口大底小,呈倒圓台狀,內壁布滿輻射狀溝紋的特製陶缽。後者是一根約五十公分長、手腕粗細、下端刨圓的木棍,選料多用油茶木或山楂木,木製堅硬又無雜味。擂茶的料甚為豐富,主要有經氽燙的鮮茶葉、生薑、生米、花生仁、芝麻等,還可根據口味、時令加入鹽(或糖)、胡椒、陳皮、甘草、黃豆、綠豆、薄荷、茴香等,共同置於擂缽內。擂製時,擂茶者一般是坐著操作,雙腿夾住擂缽,手握擂棍,用力舂搗、旋轉,把缽中的材料搗碾成泥,越細越好,這製得的便是擂茶「腳子」。然後,向缽中沖入沸水,撒上些碎蔥或米花,便可分舀到茶碗中享用了。

通常,土家族人用擂茶招待客人時,還會準備一些配菜(相當於茶點),當地人稱為「壓桌」,又稱「搭菜」,一般少則七八種,多則三四十種,諸如炸蠶豆、炸鍋粑、炸魚片、豆豉、米泡、包穀、蕎餅、蒿葉粑粑之類,用以配茶,別有風味。人們邊喝擂茶,邊吃「搭菜」,談笑風聲,饒有興趣,就像當地民謠唱的:「走東家,跑西家,喝擂茶,打哈哈,來來往往結親家。」

其實不僅僅是土家族,位於華南地區的客家人和佘族人也有類似的喝擂茶的習俗。不少學者認為,擂茶是中國早期茶葉「生煮羹飲」方式的一種傳承與發展,除了美味可口、保健養生外,還有著重要的史學研究價值。

第一章　各具特色的民族茶
第四節　侗族打油茶

第四節　侗族打油茶

「有空到我家吃油茶哦！」這估計是居住在黔、湘、桂、鄂四省（區）交界處的侗家人見面最常說的一句話了。說起這油茶，那可是侗家人的寶貝，也是他們用以待客的佳品，有著侗族「第二主食」之稱。

侗族打油茶

打油茶（即製作油茶），這是侗族婦女幾乎人人都會的技藝，一口鍋、一把鏟、一支竹漏勺，這便可以開「打」了。在燒熱的鍋中倒上點自家產的山茶油，然後放上一把粘米，炒至焦黃，再放上一把茶葉，一邊翻炒，一邊輕輕捶打，錘炒至茶葉沾鍋且有香氣溢出時，加入適量的水，邊煮邊攪拌，煮沸兩三分鐘後，撒上鹽巴，將茶湯濾出，分裝到茶碗裡，這樣做好的只是半成品，稱為「油茶水」。接下來，要趁熱在油茶水中加入事先準備好的米花、油果、蔥花、薑絲、花生、黃豆、芝麻等佐料，再配上豬肝、粉腸、湯圓、瘦肉、蝦米、酸魚等配菜，這樣才算是一碗色香味俱佳、用料十足、風味地道的侗家油茶，端碗吃上一口，既有茶葉的清苦，又有配料的甘醇鮮香，令人回味無窮。一般，打完第一鍋後的茶還能再接著煮，可連續打四五鍋，其中以第三鍋茶味道最好，所以侗家有句順口溜：「一鍋苦、二鍋呷（澀）、三鍋四鍋是好茶。」

一葉知茶
茶文化簡史

　　在侗家吃油茶,也是很有講究的。人們通常都是圍著火爐或桌子而坐,由這家的主婦親自動手煮茶。第一碗油茶一般是端給座上的長輩或貴賓,以表示敬意。然後依次端送給客人和家裡人。每人接到油茶後,不能立刻就吃,而要把碗放在自己的面前,等主人說聲「記協,記協」(意為請用茶),大家才可端碗。在侗家,吃油茶一般只用一根筷子,因為侗家人認為正餐才用兩根筷子,而油茶不算正餐。吃完第一碗後,只需把碗交給主婦,她就會按照客人的坐序依次把碗擺在桌上或灶邊,再次盛上茶水和配料。每次打油茶,每人至少要吃三碗,這叫「三碗不見外」。吃了三碗後,如果不想再吃,就只需把那根筷子架在自己的碗上,作為不吃的標記,不然,主婦就會不斷地盛油茶,讓客人享用。

侗族打油茶

　　吃油茶可以充饑健身、祛邪去濕、開胃生津,還能預防感冒。傳說,乾隆皇帝喝後稱之為「爽神湯」,所以在侗族,不分早晚每天都要打上個幾鍋。侗族老人如果喝不上油茶,他的兒孫會被人責怪說不孝。侗鄉人出門在外,最惦記的也是這一口香濃的油茶。與侗族人民雜居一起的苗族、瑤族、壯族等,受這種習俗的影響,也有吃油茶的習俗,其製作方法大體相同,只是在作料和配菜的選擇上有些差異。

第一章　各具特色的民族茶

第五節　傣族竹筒茶

第五節　傣族竹筒茶

　　傣族主要居住在中國雲南省的南部和西南部地區，以西雙版納最為集中，這是一個能歌善舞而又熱情好客的民族。每當有客自遠方來，孔雀舞、象腳鼓自不必說，更有那一杯杯清香四溢的竹筒茶讓人回味無窮。

傣族竹筒茶茶藝表演

　　自古以來，竹子這一常見的南方植物，在傣族人心目中有著舉足輕重的地位。在傣家，大到房屋院落，小到桌椅碗筷，無一不是用竹子做成的，用竹子來加工吃食，也是傣家人的一大特色。竹筒茶，又叫「竹筒香茶」，傣語稱為「臘跺」，是傣家別具風味的一種茶飲。其製作方法頗費工夫，大體可分為兩種形式。形式一，採摘細嫩的一芽二三葉的茶青，經鐵鍋炒製、揉撚、晒乾後，裝入剛剛砍回的生長期為一年左右的嫩香竹（又名甜竹、金竹）筒中，再將裝有茶葉的竹筒放在火塘架上烘烤，約六七分鐘後，竹子的汁液便會烤出，滲入乾茶，使茶葉軟化。這時，用一細木棍（多用橄欖枝）將竹筒內的茶壓緊，然後再填乾茶，繼續烘烤，如此反覆壓、填、烤，直至竹筒的汁液烤乾，筒內的茶葉填滿為止，這樣製得的竹筒茶既有茶葉的醇厚滋味，又有竹子的濃郁清香；形式二則更為複雜，需事先將晒青毛茶放入底層裝有糯米的小飯甑內蒸軟後，再填進竹筒內，邊壓邊烤，直到完全乾燥。這樣製得的竹筒茶，既有茶香，又有竹香和米香，三香齊備，別具一格。

一葉知茶
茶文化簡史

　　製好的竹筒茶，可以一直用竹筒裝著，待飲用時才破開，也可以用牛皮紙包裹好，存放於乾燥處，經久不變。對於傣家人來說，這竹筒茶既是逢年過節、走親訪友的上佳禮品，也是招待賓客、忙裡偷閒的家中必備。在傣家寨子裡，常常可以看到上了年紀的傣族阿爸們在竹樓平台上支上個圓竹桌，三五成群地團團圍坐，主人家俐落地拿一些許竹筒茶，沖上開水，過個三五分鐘，便可一邊就著茶香竹香，一邊侃侃而談了。

竹筒茶

第六節　苗族蟲屎茶

　　一說到「屎」這個字眼，人們腦中的第一反應便是臭、噁心，對待它的態度通常是捏鼻、屏氣，遠遠躲開。然而，大千世界，無奇不有，在中國的少數民族中，卻有人把屎視若珍寶，不但千方百計收集，還拿來泡茶飲用，這就是神奇而獨特的苗族蟲屎茶。

苗族蟲屎茶

159

第一章　各具特色的民族茶

第六節　苗族蟲屎茶

所謂蟲屎茶，顧名思義就是用蟲的屎粒泡製而成的茶，又被稱為「蟲茶」、「米蟲茶」、「茶精」等，是苗族著名的土特產之一。關於此茶的來歷，流傳著這樣兩種說法：

傳說一，從前有一位山民，因為貧窮而喝不起茶葉，就採來香樹葉代替茶葉飲用，但因保存不當，引得一種黑色的蟲子在其存儲的樹葉上產卵繁殖。然而，大意的山民並沒有在意樹葉已經生蟲，仍然用來熬茶喝，結果茶水沸騰時，香氣四溢，口味甚佳。山民大喜，經過反覆探索和實踐，最終發明了蟲屎茶。

傳說二，相傳清代苗民因不堪忍受封建統治而起義，後因朝廷派兵鎮壓，被逼逃入山林。他們靠採摘野菜、野果和茶葉等充饑，尤其是灌木叢中的苦茶鮮葉，雖始食時有些苦澀，但食用後回味甘甜，於是大量採摘，並用籮筐和木桶等儲存起來。不料幾個月後，苦茶葉被一種渾身烏黑的蟲子吃光了，籮筐和木桶中只剩下一些呈黑褐色、似油菜籽般細小的渣滓和蟲屎，餓極了的人們被逼無奈，只得將殘渣和蟲屎都放進竹筒中泡著喝，只見頃刻間浸泡出的褐紅色茶汁竟清香甜美，欣喜之下飲之，分外舒適可口。從此，當地的苗族同胞們便刻意將苦茶枝葉餵蟲，再用蟲屎製成蟲茶，成為當地苗寨的一大特色。

米縞螟，又名米黑蟲

一葉知茶
茶文化簡史

　　現在,湖南省城步縣一帶的苗族人依舊在製作蟲茶。每年的穀雨前後,村民們上山採集當地野生苦茶葉(學名為三葉海棠)鮮葉,然後稍加蒸煮去除澀味後,晒至八成乾,再堆放在木桶或袋子裡,隔層均勻地澆上淘米水,再加蓋並保持濕潤。葉子逐漸自然發酵、腐熟,散發出撲鼻的清香氣息。這時候,一種學名為米縞螟的小蟲子便在這種香味的引誘下蜂擁而來,並在此產卵。大概十幾天後,幼蟲便破卵而出,布滿了葉面,一邊蠶食腐熟清香的葉子,一邊排泄「金粒」。人們便收集這些「金粒」,晒乾過篩,就得到粒細圓、色黑亮的蟲茶。更講究的話,把這些蟲茶在陽光曝晒後,在鐵鍋裡經攝氏一百八十度高溫炒上二十分鐘,再加上蜂蜜、茶葉,才算完成。飲用蟲茶時,要先在杯中倒入開水,後放入蟲茶,等蟲茶粒先漂浮在水面,然後緩緩下沉到杯底並開始融化時,才可以飲用。

　　蟲茶具有一定的保健功效,李時珍的《本草綱目》中就提到,「此裝茶籠內,蛀蟲也,取其屎用」。現代科學研究也表明,蟲茶具有清熱、去暑、解毒、健胃、助消化等功效,已經成為一種特種的保健茶飲品。

第七節　回族蓋碗茶

　　回族是中國境內分布最廣的少數民族,但是,無論西北還是西南,無論城市還是鄉村,只要來到回族人民家中做客,熱情的主人都會首先端上一碗熱騰騰的茶水招待。回族人嗜茶,飲茶方式因地而異,罐罐茶、烤茶、奶茶、香茶、麥茶等都有涉及,但最具代表性的還要數蓋碗茶。

　　與漢族的蓋碗茶不同,回族的蓋碗茶選料相當豐富,除了常見的茶葉外,還要加入各種各樣的配料,如加入冰糖、桂圓肉、紅棗、枸杞、芝麻、果乾、葡萄乾等,這就組成了譽滿中外的「八寶茶」;綠茶、山楂、芝麻、白糖、薑片,

第一章　各具特色的民族茶
第七節　回族蓋碗茶

此謂「五味茶」；陝青茶、白糖、柿餅、白葡萄乾構成「白四品」；紅茶、紅糖、紅棗、枸杞配成「紅四品」。另外，還有三香茶（糖、茶、棗）、紅糖磚茶、白糖清茶、冰糖茶等。回族同胞會根據個人喜好、氣候時令等，加以選擇配製。如此精心搭配的蓋碗茶，不僅味甘形美、營養豐富，還具有多種保健功效。

當然，蓋碗茶除了茶品之外，這泡茶的工具——蓋碗也是大有講究

晚清紫藤紋三托蓋碗

的。蓋碗，又叫「三才碗」、「三炮台」，由茶蓋、茶碗、茶托三部分組成，是中國傳統茶具之一，其起源最早可追溯至唐代。

相傳，唐時西川節度使崔寧非常好客，家中經常賓客盈門。客來當然要敬茶，但是由於剛煮好的茶水很燙，端茶的侍女常常被燙得左手換右手，茶湯也灑了不少。崔寧的女兒見了，就想到了一個法子：她用蠟在一個小碟子裡固定成一個圈，然後把茶碗放在圈裡，碗就很穩，不會左右移動了，然後用手托著碟子給客人上茶，既不燙手，茶湯也不會灑出。這便是茶盞托的雛形。到了明清時期，人們在茶盞托的基礎上又配上了盞蓋，這就形成了今天的蓋碗。

回族同胞家的蓋碗也頗具民族特色，一般碗身都會繪有山水花草圖案，或者書寫有「清真」之類的阿拉伯文，忌繪人物和動物圖像。使用時，也有一套規矩。一般來說，喝蓋碗茶時，不能拿掉上面的蓋子，也不能用嘴吹漂在上面的茶葉，而是應該左手端茶托，右手拿碗蓋，先輕輕地在碗口「刮」幾下，將浮在茶碗表面的茶葉、芝麻刮向一邊，然後將碗蓋斜蓋在茶碗上，留出「飲口」，最後用嘴輕飲輕啜。若用雙手抱碗猛吸猛喝，或發出響聲的，一律會被視為無教養的舉動。

一葉知茶
茶文化簡史

　　在回族，人們把喝蓋碗茶親切地稱之為「刮碗子」，由於禁酒，所以喝茶——「刮碗子」是生活中相當重要的一件事，無論禮拜間隙還是餐前飯後，無論一人閑坐還是親友敘談，一天不刮上幾碗，總覺得渾身不得勁。揭蓋飄香，那醇香、甘甜的滋味，直沁入心底。

第二章　多姿多彩的世界茶
第一節　華茶遠播

第二章　多姿多彩的世界茶

　　茶被公認為世界性的飲料之一，追根溯源，世界各地最初所飲用的茶葉、引種的茶種、飲茶方法、栽培技術、加工工藝以及茶事禮俗等，均直接或間接地來自中國。作為古老的東方文明的一個象徵，中國茶及茶文化也影響和推動了世界各國茶文化的興起和發展。茶葉之路，亦是中國文化的傳播之路。

第一節　華茶遠播

　　一八六六年五月三十日，兩艘英國商船從中國福州港出發，滿載著頭一批上市的茶葉，一路向西航行而去。這種被稱為「飛剪船」的商船，有著標誌性的空心船首和優美水線，在大海上以驚人的航速前行。而這一次的航行意義非凡，兩艘船都參加了中國至英國的海上茶葉運輸競賽，誰第一個抵達英國倫敦，將會得到豐厚的獎金。

　　十九世紀中葉，東西方之間的貿易大幅成長，而西方對中國奢侈品如茶葉、絲綢等商品的需求也與日俱增。尤其是茶葉這種季節性的商品，第一個到岸銷售意味著巨大的利潤和市場。而飛剪船就是在這種背景下應運而生。那麼，飛剪船這個名字是怎麼來的呢？原來在飛剪船發明之前，從中國航行到英國需要大概六個月左右的時間，而飛剪船則把航行時間縮短到三個月，就像剪刀裁紙一樣把航程縮短了一半，這就是飛剪船名字的由來。

　　一八六六年的海上競賽在英國引起了轟動。兩艘飛剪船，歷時三個月，跨過中國南海，穿越巽他海峽和印度洋，繞過非洲好望角，航行大西洋抵達英吉利

一葉知茶
茶文化簡史

海峽。這是當時帆船所走的最快的航線，而此時蘇伊士運河依然在建造之中。九月十二日，倫敦的每日電訊報以「一八六六年的偉大茶葉競速賽」為標題報導此次比賽的結果。兩艘船齊頭並進，在同一時刻抵達倫敦港口，同時開始了在泰晤士河上的牽引作業，最後「太平」號商船僅以不到二十分鐘的時間優勢取得了勝利，並且獲得了每噸茶葉十先令的額外獎金，據記載當時「太平」號上裝有七百六十七噸茶葉。這就是當時海上茶葉貿易的盛況。

　　事實上，中國茶葉的對外輸出從十世紀就已經開始。現有研究表明，茶葉在十至十二世紀時，已經由中國傳至吐蕃，並傳到高昌、于闐和七河地區。十三世紀蒙古興起後，中西陸海交通打開，茶進一步在中亞和西亞傳播。十至十二世紀茶葉傳往吐蕃，並傳到高昌、于闐和七河地區。十六世紀之後，茶葉開始傳往俄羅斯。十七至十九世紀，中俄之間展開頻繁的茶葉貿易，由此開創「草原茶葉之路」。當時茶葉的貿易路線由福建武夷山起，途經崇安、鉛山、信江、鄱陽湖、九江、漢口、洛陽，渡過黃河，抵達俄羅斯境內，最終運送到莫斯科和聖彼德堡。

　　還有一條路線就是我們所熟知的茶馬古道。茶馬古道源於古代西南邊疆和西北邊疆的茶馬互市，興於唐宋，盛於明清，二戰中後期最為興盛。茶馬古道的分布範圍主要在四川、陝西、甘肅、青海、西藏地區和雲南，可分為川藏、滇藏、青藏三條線路，連接川滇藏，延伸入不丹、尼泊爾、印度境內，直到西亞、西非紅海海岸。

　　而海上茶葉之路，是指茶葉經由海路傳輸到世界各地所形成的路線。茶葉與絲綢、瓷器等均為中國海上貿易的重要物品，最早的海上茶葉之路，與中國海上貿易有密不可分的關係。大約從八世紀之後，茶葉經由東海航線向東傳往朝鮮和日本；十三世紀之後，茶葉首先銷往東南亞地區和國家；十七世紀之後，航海技術的發展促使東西方貿易往來頻繁，茶葉也經由南海航線傳往更遙遠的歐洲、美洲、非洲等地。海上茶葉之路可分為兩條航線，其中東海航線主要是通往朝鮮和日本，而南海航線則通往東南亞以及歐美各國。

第二章　多姿多彩的世界茶
第二節　茶葉大盜

一七八〇年前後中國廣東珠江流域的外國商館

第二節　茶葉大盜

　　羅伯特·福瓊是一名英國植物學家，這一個十分陌生的名字，在英國卻是一位家喻戶曉的人物，他從中國引種了秋牡丹、桔梗、杜鵑等花卉品種，是英國人花園裡最受歡迎的植物。他還有一個鮮為人知的綽號，那就是「茶葉大盜」。那麼，這位植物學家又是怎麼和茶葉聯繫在一起的呢？

　　這要從他所接受的一項特殊使命說起。十九世紀開始，嗜茶如命的英國為了擺脫對中國的依賴，想方設法地在其殖民地印度發展茶葉種植業。一八四八年，福瓊收到了一封英國東印度總督寄來的委任信，要他前往遙遠的中國，竭盡所能地去尋找最好的茶樹和茶籽，並將其帶到印度。

　　這可不是一件輕鬆的工作。為了保護茶葉的祕密，清政府嚴格規定了外國

一葉知茶
茶文化簡史

《兩訪中國茶鄉》中譯本

福瓊《兩訪中國茶鄉》插畫

人不得進入茶葉產區。一旦被發現，福瓊肯定是必死無疑了。但是，他還是毫不猶豫地接受了這份工作。可以這樣說，他是最愛冒險的植物學家，也是最懂植物的冒險家。為了不被當地人識破，他換上了中式的服裝，剃光了頭髮，再戴上了一條假辮子，假扮成了一名滿清官員，這讓從未見過西方人的內地農民摸不著頭腦。於是，福瓊瞞天過海般地開始了他的中國茶區之旅。

深入中國內地，穿過山川峽谷，展現在他面前的是一片片綠油油的茶樹。他每天早早地起來觀察茶樹，他這樣寫道：「茶的種子是多麼地眷戀著這片土地，每一片茶葉的背後都蘊含了幾千年的歷史。」他記錄了茶區的氣候、土壤和環境，採集了大量的茶樹和種子，運往了印度。

可是，幾個月後，從印度方面傳來了消息，這一批茶樹和種子在運輸途中腐爛了。於是，他想到了用華德箱（Wardian Case）再次出貨，最後成功地將

第二章　多姿多彩的世界茶
第三節　韓國飲茶面面觀

兩萬多株茶樹苗運送到了印度。那麼，什麼是華德箱呢？它其實是一個可移動的小型溫室，底部為陶瓷，整體用玻璃罩密封，植物在裡面可以得到生存所必需的環境。而幼嫩的茶苗就這樣漂洋過海，抵達了印度。

福瓊為十九世紀的大英帝國帶去了不可估量的財富，他本人也因為從中國偷運大量的茶樹而被世人稱為茶葉大盜。但是從另一方面來說，福瓊從客觀上也推動了茶葉在世界內的傳播。如今，在喜馬拉雅山區的坡地上，在東非大裂谷兩側的高原上，在喬治亞的黑海沿岸，源自中國的茶樹茁壯茂盛地生長著。茶在英國人的茶杯裡氤氳生香，在俄國人的茶炊裡嘶嘶作響，在中國人的蓋碗裡包羅萬象，它是大自然對於人類的無私饋贈，也是中華文明對世界作出的偉大貢獻。

第三節　韓國飲茶面面觀

按地理習慣劃分，亞洲可分為東亞、東南亞、南亞、西亞、中亞和北亞。圍繞茶樹原產地，以中國為核心的東北亞國家，如日本、韓國、朝鮮及蒙古等，與中國文化交流密切，飲茶甚為普遍。

在南北朝和隋唐時期，百濟、新羅與中國的往來比較頻繁，經濟和文化的交流關係也比較密切。特別是新羅，在唐朝有通使往來一百二十次以上，是與唐通使來往最多的鄰國之一。新羅人在唐朝主要學習佛典、佛法，研究唐代的典章，有的人還在唐朝做官，在學習佛法的時候將茶文化帶到了新羅。

韓國茶禮開拓者草衣禪師

一葉知茶
茶文化簡史

西元八二八年,新羅使節金大廉將茶籽帶回國內,種於智異山下的雙溪寺廟周圍,朝鮮的種茶歷史由此開始。朝鮮《三國本紀・新羅本紀》興德王三年云:「入唐回使大廉,持茶種子來,王使植智異山。茶自善德王時有之,至於此盛焉。」

韓國茶文化中最具特色的是茶禮。茶禮是供神、佛、人的一種禮儀活動。新羅時代,茶最早透過僧侶往來傳入朝鮮半島,基於王室及國家在重要行事中均以茶為禮,品茶逐漸從士大夫階層普及到平民百姓。

高麗時代,茶禮正式成為國家的重要禮儀之一,並傳承至今,其基本精神為和、敬、儉、真。和,即善良之心地。敬,即彼此間敬重、禮遇。儉,即生活儉樸、清廉。真,即心意、心地真誠,人與人之間以誠相待。透過茶禮,形成人與人之間真誠相待、以禮相敬的和諧關係,是韓國茶文化的真意。

琳琅滿目的韓國茶食　　　　　　　　濟州島茶園

韓國茶禮種類繁多,各具特色,有葉茶法、高麗五行茶禮、成人茶禮、接賓茶禮、佛門茶禮、君子茶禮、閨房茶禮等諸多形式。

成人茶禮是韓國茶日的重要活動之一。禮儀教育是韓國用儒家傳統教化民眾的一個重要方面,如冠禮(成人)教育,就是培養即將步入社會的青年人的社會義務感和責任感。成人茶禮是透過茶禮儀式,對剛滿二十歲的少男少女進行傳統文化和禮儀教育,其程序是:司會主持成人者贊者同時入場,會長獻燭,副會

第二章　多姿多彩的世界茶
第四節　探祕日本茶道

長獻花,冠者(即成年)進場向父母致禮向賓客致禮,司會致成年祝辭,進行獻茶式,成年合掌致答辭,成年再拜父母,父母答禮。

　　高麗五行茶禮是古代茶祭的一種儀式。茶葉在古高麗的歷史上,歷來是「功德祭」和「祈雨祭」中必備的祭品。五行茶禮的祭壇設置是,在潔白的帳篷下,放置八架繪有鮮豔花卉的屏風,正中張掛著用正體中文書寫的「茶聖炎帝神農氏神位」的條幅,條幅下的長桌上鋪著白布,長桌前置放小圓台三張,中間一張小圓台上放青瓷茶碗一枚。五行茶禮的核心,是祭拜韓國崇敬的中國「茶聖」——炎帝神農氏。

日本茶室 　　　　　　　　　　日本抹茶與煎茶

第四節　探祕日本茶道

　　唐朝時,大批日本遣唐使來華,到中國各佛教勝地修行求學。當時中國的各佛教寺院,已形成「茶禪一味」的一套「茶禮」規範,這些遣唐使歸國時,不僅學習了佛家經典,也將中國的茶籽、茶的種植知識、煮泡技藝帶到了日本,使茶文化在日本發揚光大,並形成具有日本民族特色的藝術形式和精神內涵。

一葉知茶
茶文化簡史

　　唐貞元二十年（西元八〇五年），日本最澄禪師來浙江天台山國清寺，師從道邃禪師學習天台宗。最澄從浙江天台山帶去了茶種歸國，並植茶籽於日本近江（今滋賀縣）。

　　根據〈空海奉獻表〉（《性靈集》第四卷）記載，日本延曆二十三年（西元八〇五年），留學僧侶空海來到中國，在兩年後歸日時，空海帶回了大量的典籍、書畫和法典等物。其中奉獻給嵯峨天皇的〈空海奉獻表〉中提到「觀練餘暇，時學印度之文，茶湯坐來，乍閱振旦之書」。有關茶的確實的文字記載出現在〈空海奉獻表〉以後的第二年問世的《類聚國史》，其中記載了嵯峨天皇行幸近江國、滋賀的韓崎，路經崇福寺，在梵寺前停輿賦詩時，高僧都永忠親自煎茶奉上。

京都建仁寺內為紀念榮西而立的茶碑

第二章　多姿多彩的世界茶
第四節　探祕日本茶道

最澄之前，天台山與天台宗僧人也多有赴日傳教者，如六次出海才得以東渡日本的唐代名僧鑒真等人，他們帶去的不僅是天台派的教義，而且有科學技術和生活習俗，飲茶之道無疑也是其中之一。

茶自唐代傳入日本，日本茶道的形成深受中國禪宗的影響。最澄從浙江天台山帶回茶籽，種在背振山麓，成為日本最古之「日吉茶園」。宋代，日本僧人榮西在天台習禪數年，回國時帶回茶種、飲茶方法及有關茶書，並撰寫了日本第一本茶書《吃茶養生記》。一二四一年，留學僧圓爾辨圓從浙江徑山帶回《禪院清規》、徑山茶種和飲茶方法，並制訂出《東福寺清規》，將茶禮列為禪僧日常生活中必須遵守的行儀作法。一二五九年，南浦昭明則將徑山茶宴系統地傳入日本。之後，經過村田珠光、武野紹鷗和千利休等人的完善，將茶道精神總結為和、敬、清、寂，且須由茶室、庭院及茶具作為基本要素來貫通和體現。日本茶道便是在此基礎上發展演變。

千利休

日本茶文化雖源自中國，但經過本土文化的滋潤，形成了別具風格的茶道文化。作為日本文化的結晶，日本茶道也是日本文化的最主要代表，集美學、宗教、文學及建築設計等為一體，重視透過茶事活動來修身養性，達到一種人與自

一葉知茶
茶文化簡史

然和諧的精神意境。

　　經過六七百年的漫長歲月，日本茶道發展出眾多流派，比較重要的流派現有以千利休為流祖的三千家，即裏千家、表千家和武者小路千家。此外，還有藪內流、遠洲流、宗遍流、庸軒流、有樂流、織部流、石州流等。日常生活中，日本人主要品飲綠茶，尤其以蒸青綠茶居多。近年來，為滿足日本國內的市場需求，研發出了各種罐裝茶飲料，並在車站、街頭的自動販賣機中銷售。

第五節　茶迷貴婦人──英國下午茶

　　早在一六〇〇年，英國茶商湯瑪斯‧加爾威寫過一本名為《茶葉和種植、品質和品德》一書。

　　一六三九年，英國人首次來華與中國商人接觸，對茶葉貿易做了調查，但未進行交易。

　　一六四四年開始，英國在廈門設立機構，採購武夷茶。

　　一六五八年，英國出現第一則茶葉廣告，是至今發現的最早的售茶記錄。

　　一六六九年，第一批由英國直接進口的茶葉在倫敦上岸。

　　一七〇二年，英國又在浙江舟山

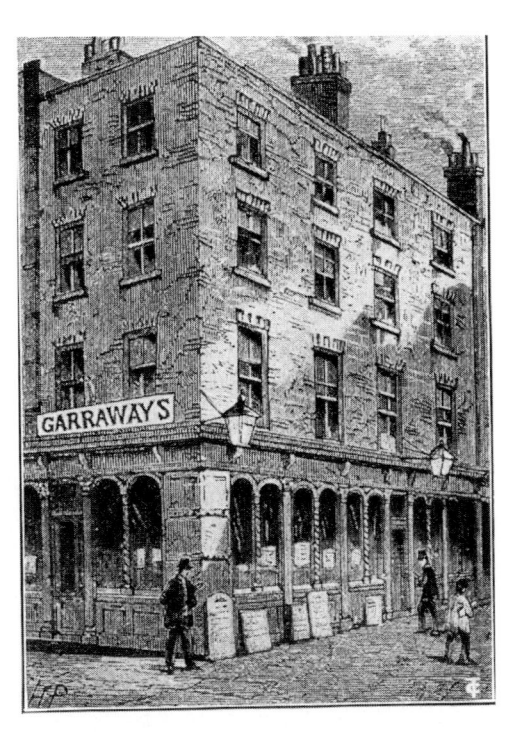

英國最早出售茶葉的蓋爾威爾士咖啡店

第二章　多姿多彩的世界茶
第五節　茶迷貴婦人—英國下午茶

採購珠茶。

　　一八二〇年以後，英國人開始在其殖民地印度和錫蘭（今斯里蘭卡）種植茶樹。

　　一八三四年，中國茶葉成為英國的主要輸入品，總數已達三千兩百萬磅。

　　英國茶文化一開始就和皇室掛鉤。一六六二年嫁給英王查理二世的葡萄牙公主凱薩琳，人稱「飲茶皇后」，當年她的陪嫁包括兩百二十一磅紅茶和精美的中國茶具。在紅茶的貴重堪與銀子匹敵的年代，皇后高雅的品飲表率，引得貴族們爭相效仿。由此，飲茶風尚在英國王室傳播開來，不但宮廷中開設氣派豪華的茶室，一些王室成員和官宦之家也群起仿效，在家中特闢茶室，以示高雅和時髦。到了十九世紀初期，茶在英國日漸普遍，著名的英國下午茶就出現在維多利亞時代。斐德福公爵夫人安娜·瑪麗亞常在下午四點左右邀請朋友喝茶聊天，之後這一活動逐漸普及到各階層，於是就形成了下午茶（Afternoon tea）。如今，下午茶已成了英國人的一種生活方式和一種休閒文化。

凱薩琳皇后

一葉知茶
茶文化簡史

　　事實上,英國下午茶的出現是和時代的發展緊密相連的。在十八世紀末,人工照明已經有了長足的發展,人們的生活不再拘束於日出而作、日落而息的習慣。尤其是當時的上層貴族家庭,人工照明手段的發展使得晚餐的時間越來越晚,當時英國人吃晚餐通常為八點左右,為了填充午飯與晚餐之間長時間的空檔,漸漸地就發展出了喝下午茶、喝茶點的習俗。

　　在英式下午茶會上,主人多選用極品紅茶,配上中國的瓷器或者銀質餐具,加上鋪有白色蕾絲花邊的桌布,形成一個優雅獨特的飲茶空間。時間通常選在下午四點整,女主人穿著正式的服裝親自為客人服務。點心架分三層,第一層放三明治,第二層放傳統英式點心司康,第三層則放蛋糕及水果塔,吃的時候要記得從下往上吃起。

十八世紀英國的下午茶

第二章　多姿多彩的世界茶
第六節　綠茶也香甜—摩洛哥茶飲

第六節　綠茶也香甜──摩洛哥茶飲

　　摩洛哥位於北非地區，東接阿爾及利亞，南部為撒哈拉沙漠，西臨浩瀚的大西洋，北隔直布羅陀海峽與西班牙相望，扼地中海入大西洋的門戶。由於非洲的多數國家氣候乾燥、炎熱，居民多信奉伊斯蘭教，不飲酒，因而飲茶已成為日常生活的主要內容。無論是親朋相聚，還是婚喪嫁娶，乃至宗教活動，均以茶待客。這些國家多愛飲綠茶，並習慣在茶裡放上新鮮的薄荷葉和白糖，熬煮後飲用。

摩洛哥飲茶

摩洛哥飲茶場景

　　摩洛哥國內市場每年要消費六萬多噸茶葉，98%來自中國，主要是綠茶中的珠茶和眉茶，多年來占據中國茶葉出口排名第一的位置。摩洛哥是北非地區僅有的綠茶消費國，茶對於摩洛哥人的重要性僅次於吃飯。摩洛哥人一般每天至少喝三次茶，多的可達十多次。

　　摩洛哥人喝茶也有自己的一套方法，茶壺、茶盤、茶杯等茶具，以及綠茶、白糖和新鮮的薄荷葉是常見的泡茶搭配。如果到了冬天薄荷葉不是很多的時候，他們會用新鮮的艾草來替代，也能散發出特別濃郁的摩洛哥茶風。摩洛哥的茶壺很奇特，一般的茶壺外表由銅澆鑄而成，壺內鍍上一層銀，壺嘴很長，類似老北京功夫茶館中的茶壺。茶杯雕刻著富有民族特色的圖案和花紋，非常精緻。

　　摩洛哥人喜歡喝濃茶，不僅茶葉量大，糖也加得多。當地人認為，只有本地出產的糖，才能泡出最好的茶。最正宗的摩洛哥薄荷茶是不放方糖的，而是放摩洛哥當地的糖。這種糖塊的形狀如同一支雪茄，上端細，下端粗，一塊大概有

177

第二章　多姿多彩的世界茶
第六節　綠茶也香甜—摩洛哥茶飲

兩千克重。泡茶之前，婦女們用一個小錘子把巨大的糖塊敲碎，裝入糖罐裡。他們認為，只有這樣的糖，才能泡出最好的摩洛哥茶。

摩洛哥茶沖泡

一葉知茶
茶文化簡史

第七節　北地風情──俄羅斯茶

　　茶葉最早傳入俄國，據傳是在西元六世紀時，由回族人運銷至中亞；到元代蒙古人遠征俄國，中國文明隨之傳入。

　　到了明朝，中國茶葉開始大量進入俄國。一六一八年，明使攜帶茶葉兩箱，歷經十八個月，到達莫斯科以贈俄皇。

　　至清代雍正時期，中俄簽訂互市條約，以恰克圖為中心開展陸路通商貿易，茶葉就是其中主要的商品，其輸出方式是將茶葉用馬馱到天津，然後用駱駝運到恰克圖。

　　鴉片戰爭後，沙俄在中國得到了許多貿易特權，一八五〇年左右開始在漢口購買茶葉，俄商還在漢口建立磚茶廠。此外，歐洲太平洋航線與中國直接通航後，俄國奧德薩與海參崴，與中國上海、天津、漢口和福州等航路暢通，俄國商船隊相當活躍。後來，俄國又增設了幾條陸路運輸線，加速了茶葉的運銷。

　　隨著華茶源源不斷的輸入，俄國的飲茶之風逐漸普及到各個階層，十九世紀時出現了許多記載俄國茶俗、茶

俄羅斯貴婦飲茶

第二章　多姿多彩的世界茶
第七節　北地風情—俄羅斯茶

禮、茶會的文學作品，如俄國著名詩人普希金就有俄國「鄉間茶會」的記述。

在俄羅斯，人們甚至還為飲茶發明了一種茶具，那就是俄羅斯茶炊，甚至有「無茶炊便不能算飲茶」的說法。茶炊其實是茶湯壺，多以金屬製，有兩層，壁四圍灌水，在中間著火加熱。通常為銅製，外形也多樣，有球形、桶形、花瓶狀、罐形等。茶炊在俄羅斯幾乎是家家戶戶必不可少的器皿，也是人們外出旅行郊遊攜帶之物。

通常認為，俄國人所居住的地區多為森林地區，木頭、炭等燃料很容易獲得，而茶炊則因為其便攜性和特殊的構造，適合俄羅斯人飲茶方式得以大量生產和使用。到一八二〇年代，離莫斯科不遠的圖拉市一躍成為生產茶炊的基地，僅在圖拉及圖拉州就有幾百家加工銅

俄羅斯茶炊

製品的工廠，主要生產茶炊和茶壺。到一九一二年、一九一三年，俄羅斯的茶炊生產達到了頂峰階段，當時圖拉的茶炊年產量已達六十六萬，可見茶炊市場的需求量之大。

俄國人愛飲紅茶，並習慣加糖、檸檬片，有時也加牛奶。此外，還伴以大盤小碟的蛋糕、烤餅、餡餅、甜麵包、餅乾、糖塊、果醬、蜂蜜等茶點。有趣的是，俄羅斯人還喜歡用茶碟喝一種加蜜的甜茶。喝茶時，手掌平放，托著茶碟，用茶勺送進嘴裡一口蜜後含著，接著將嘴貼著茶碟邊，帶著響聲一口一口地吮茶。

第八節　有趣的印度拉茶

　　印度很早就從西藏引入了飲茶法。一七八〇年，英國東印度公司引進茶籽入印度加爾各答、不丹等地試種，但因種植不當而沒有成功。一八三四年，印度組織了一個研究中國茶在印度種植問題的委員會，並派遣人員來中國研究，引種了大批武夷茶籽，並雇用了中國工人，經過多次試驗，最終成功在印度培植茶樹。一九五〇年後，印度茶業迅速發展，今日的印度已經是世界上茶的生產、出口和消費大國。

　　如今，印度所產的茶葉有世界著名的阿薩姆（Assam）和大吉嶺（Darjeeling）等。印度也是世界上主要的茶葉消費大國，所飲的茶多為紅茶。或許由於氣候炎熱，印度人喜歡喝調飲茶，會在茶湯中添加香料、砂糖和牛奶等。

印度茶園

第二章　多姿多彩的世界茶
第八節　有趣的印度拉茶

印度茶葉店　　　　　　　　　　　　　印度奶茶

　　印度拉茶，通常指一種添加香料的馬薩拉茶的做法。馬薩拉茶是印度獨有的一種香料茶，香氣強烈而刺激，茶湯中充滿了香料伴著紅茶的奇妙香味，體現了獨特的異國風情。在初春陰冷潮濕的季節飲用，擁有開胃、通氣、袪濕寒、提神醒腦、預防感冒的作用。選用的香料有小豆蔻、桂皮、丁香等。

　　小豆蔻又稱豆蔻籽，起源於印度，其綠色的外殼內包裹著許多黑色小顆粒種子，味道辛辣，很像胡椒味。印度奶茶中的獨特香氣也是源自於此。

　　雖然馬薩拉茶的製作非常簡單，但是喝茶的方式頗為奇特：茶湯調製好後，不是斟入茶碗或茶杯裡，而是斟入盤子裡；不是用嘴去喝，也不是用吸管吸飲，而是伸出舌頭去舔飲，故當地人稱之為舔茶。

　　印度人每天都會花一些時間在喝茶上，不管窮人還是富人，不管有多忙，每天都會喝這種馬薩拉茶。觀看馬薩拉茶的製作過程也是一種享受，製茶人動作嫻熟，把水倒入小湯鍋中燒沸，加入綠色小豆蔻、桂皮、老薑、丁香和八角，煮約五分鐘後，將阿薩姆紅茶葉放入小湯鍋中，用大火煮約四分鐘，最後把全脂牛奶和白砂糖倒入鍋中，再次燒沸混合均勻後，用小篩網濾掉老薑、阿薩姆紅茶葉和各種香料渣，一杯純正的馬薩拉茶就製作完畢了。

第九節　美國冰茶

　　美國人飲茶的習慣是由歐洲移民帶去的，因此飲茶方式大致與歐洲相同。到美國獨立戰爭爆發前，整個北美殖民地人民已將茶葉當作日常生活中的重要飲料。

　　1773年，英國政府為傾銷東印度公司的積存茶葉，通過《救濟東印度公司條例》。該條例給予東印度公司到北美殖民地銷售積壓茶葉的專利權，免繳高額的進口關稅，只徵收輕微的茶稅，並且明令禁止殖民地販賣「私茶」。東印度公司因此壟斷了北美殖民地的茶葉運銷，其輸入的茶葉價格較「私茶」便宜百分之五十。該條例引起北美殖民地人民的極大憤怒。

　　一七七三年十二月十六日晚，英國三艘滿載茶葉的貨船停泊在波士頓碼頭，憤怒的反英群眾將東印度公司三條船上的三百四十二箱茶葉投入海中，史稱「波士頓茶葉事件」，這是美國第一次獨立戰爭的導火線。

美國波士頓事件紀念館，就設在當年的載茶船上

第二章　多姿多彩的世界茶
第九節　美國冰茶

美國獨立後，茶葉無需經由歐洲轉運，茶葉成本隨之降低，但茶葉在美洲仍是高級飲料。一七八四年二月，美國的「中國皇后」號商船從紐約出航，經大西洋和印度洋，首次來中國廣州運茶，獲利豐厚。從此，中美之間的茶葉貿易與日俱增，不少美國的茶葉商戶成為巨富。

一九〇四年夏天，世界博覽會在美國聖路易斯市舉辦，一位茶商理查躍躍欲試，想把自己的茶葉趁著博覽會期間推銷出去。但聖路易斯的夏天炎熱難當，人們根本不想喝熱的飲料，連理查自己都喝不下手中那杯熱騰騰的紅茶。理查靈機一動，將冰塊放到了紅茶裡面，沒想到這冰紅茶清涼暢快，深受人們喜愛，於是他轉賣冰紅茶，大賺了一筆。這便是冰茶的由來。

美國冰茶

一葉知茶
茶文化簡史

北美人民喜飲的即溶茶　　　　　　美國家庭飲茶

　　當然，美國各地製作冰茶的方法並不完全一致。在美國西南部地區，人們流行用太陽光來製作冰茶，所以也被叫作「太陽茶」。首先將可以放一加侖礦泉水的寬口瓶加滿水，放在家門口陽光充足的空地上。然後加入一些茶包或是上等紅茶茶葉。這樣的「烘晒」並不會使水變苦。通常曝晒的時間是從早晨至中午，到了日正當中，正好是最讓人解渴的午餐茶上場的時候。可以加上茶冰塊或是柳橙汁冰塊，再加上一小片的薄荷和一些糖，讓太陽茶產生了特別風味。

　　近一個世紀以來，美國人的飲茶力求簡單，更多人喜歡喝即溶茶。茶葉消費的主要方式是即溶茶和冰茶。用袋泡茶，加冰塊、方糖、蜂蜜或甜果酒，即可調製出一杯更加美味的茶飲。而冰茶占了美國茶葉市場的85%以上。而且，不是只有在夏天或是炎熱的月份裡冰茶才有銷路，目前冰茶可是一年到頭都受歡迎的產品。儘管如此，冰茶所使用的茶葉品質可一點都不能隨便。上等的茶葉才能泡出最好的茶，不管是熱飲還是冰飲。事實上，就算最上等的茶葉，不論是葉茶或是茶袋，在所有飲料之中都算是最經濟的飲品。

一葉知茶
茶文化簡史

作　　者：	吳曉力　主編
責　　編：	簡敬容
發 行 人：	黃振庭
出 版 者：	崧燁文化事業有限公司
發 行 者：	崧燁文化事業有限公司
E-mail：	sonbookservice@gmail.com
粉 絲 頁：	https://www.facebook.com/sonbookss/
網　　址：	https://sonbook.net/
地　　址：	台北市中正區重慶南路一段六十一號八樓 815 室

Rm. 815, 8F., No.61, Sec. 1, Chongqing S. Rd., Zhongzheng Dist., Taipei City 100, Taiwan (R.O.C)

電　　話：	(02)2370-3310
傳　　真：	(02) 2388-1990
總 經 銷：	紅螞蟻圖書有限公司
地　　址：	台北市內湖區舊宗路二段 121 巷 19 號
電　　話：	02-2795-3656
傳　　真：	02-2795-4100
印　　刷：	京峯彩色印刷有限公司（京峰數位）

─ 版權聲明 ─

本書版權為九州出版社所有授權崧博出版事業有限公司獨家發行電子書及繁體書繁體字版。若有其他相關權利及授權需求請與本公司聯繫。

定　　價：280 元
發行日期：2020 年 11 月第一版
◎本書以 POD 印製

國家圖書館出版品預行編目資料

一葉知茶：茶文化簡 / 吳曉力主編 . -- 第一版 . -- 臺北市：崧燁文化，2020.10
　面；　公分
POD 版
ISBN 978-986-516-496-6(平裝)
1. 茶葉 2. 文化 3. 歷史
481.609　109015621

官網

臉書